JOANNE BAKER

JUSTE ASSEZ DE PHYSIQUE POUR BRILLER EN SOCIÉTÉ

Traduit de l'anglais par Julien Randon-Furling

DUNOD

Table des matières

Introduction

Quand j'ai parlé de ce livre à mes amis, ils m'ont dit en plaisantant que la première chose à savoir absolument en physique est qu'il s'agit d'une discipline difficile. Pourtant, chacun d'entre nous utilise la physique quotidiennement. Lorsque nous nous regardons dans un miroir ou lorsque nous chaussons une paire de lunettes, nous faisons appel à la physique des phénomènes optiques. Quand nous réglons nos réveils, nous sommes à la poursuite du temps ; lorsque nous suivons un itinéraire sur une carte, c'est l'espace géométrique que nous explorons, cependant que nos téléphones portables nous relient à des satellites au-dessus de nos têtes, *via* des fils électromagnétiques invisibles. Mais la physique n'est pas l'apanage de la technologie. Sans la physique, il n'y aurait ni lune, ni arcs-en-ciel, ni diamant. Même le sang qui coule dans nos veines obéit aux lois de la physique, la science du monde physique.

Nombreuses sont les surprises que réserve la physique moderne. La théorie quantique a chamboulé notre monde en interrogeant le concept même de l'existence d'un objet. La cosmologie cherche à connaître l'univers : comment est-il apparu et pourquoi sommes-nous là ? Notre univers est-il tout à fait singulier ou était-il, en quelque sorte, inévitable ? En scrutant l'intérieur des atomes, les physiciens ont découvert tout un monde fantomatique de particules élémentaires. Et la table d'ébène la plus solide qui soit n'en demeure pas moins constituée essentiellement de vide, ses atomes reposant sur un échafaudage de forces nucléaires. La physique est née de la philosophie et, d'une certaine manière, elle y revient, en produisant des représentations nouvelles et inattendues qui dépassent notre vécu.

Cependant, la physique n'est pas une simple collection d'idées originales et pleines d'imagination. Elle s'ancre dans le réel et l'expérience. La méthode scientifique permet de mettre à jour continuellement les lois de la physique, comme on le fait pour les logiciels, en résolvant les bogues et en ajoutant de nouveaux modules. Si les preuves sont là, des changements majeurs de perspective peuvent être opérés, même s'il faut du temps pour qu'ils soient acceptés. Il fallut plus d'une génération pour que fût largement reconnue l'idée de Copernic selon laquelle la Terre tournait autour du Soleil ; le rythme s'est toutefois accéléré et une décennie a suffi pour que soient acceptées la physique quantique et la relativité. Cependant, même les lois les plus reconnues de la physique ne cessent d'être testées.

Ce livre propose un aperçu du monde de la physique, depuis les concepts fondamentaux comme la gravité, la lumière et l'énergie, jusqu'aux idées modernes de la mécanique quantique, du chaos et de l'énergie sombre. J'espère que, comme tout bon guide, cet ouvrage vous donnera envie d'en voir et savoir plus. Car la physique ne se contente pas d'être fondamentale – elle est aussi fondamentalement amusante.

01 Le principe de Mach

Un enfant sur un manège est tiré vers l'extérieur par l'attraction d'étoiles lointaines : c'est un exemple du principe de Mach, selon lequel « la masse là-bas agit sur l'inertie ici ». Par le biais de la gravitation, des corps distants affectent le mouvement, la rotation des choses ici-bas. Pourquoi en est-il ainsi ? Comment savoir si une chose est ou non en mouvement ?

Si vous vous êtes déjà trouvé(e) assis(e) dans un train en gare, à contempler à travers la fenêtre un wagon voisin du vôtre en train de s'éloigner, vous savez qu'il est parfois difficile de dire si c'est votre train qui part ou l'autre qui arrive. Existe-t-il une manière de déterminer avec certitude lequel des deux trains est en mouvement ?

Ernst Mach, philosophe et physicien autrichien, s'est débattu avec cette question au XIXe siècle. Il réglait ses pas sur ceux du grand Isaac Newton qui avait cru, contrairement à Mach, que l'espace constituait une toile de fond absolue. Comme du papier millimétré, l'espace newtonien intégrait un ensemble de coordonnées et Newton décrivait tout déplacement comme un mouvement par rapport à cette grille. Mach, lui, ne partageait pas ce point de vue, et soutenait qu'un mouvement n'avait de sens que par rapport à un autre objet, et non à un quelconque quadrillage. Car que signifie se déplacer, si ce n'est par rapport à autre chose ? En ce sens, Mach, influencé par les idées du rival de Newton, Gottfried Leibniz, était un précurseur d'Albert Einstein. Il considérait que seul les mouvements relatifs avaient un sens. Mach disait que puisqu'une balle roule de la même manière en France ou en Australie, faire appel à un espace absolu est inutile. La seule chose dont on puisse concevoir qu'elle affecte le mouvement de la balle est la gravitation. La balle peut tout à fait rouler différemment sur la Lune car la force de gravitation y est plus faible. Chaque corps dans l'Univers exerce une attraction gravitationnelle sur tous les autres, chaque corps ressent donc la présence des autres à travers leur attraction mutuelle. C'est de la distribution de la matière, ou de sa masse, que le mouvement doit dépendre *in fine* et non des propriétés de l'espace lui-même.

chronologie

vers 335 av. J.-C.
Selon Aristote, le mouvement des objets est dû à l'action de forces

1640
Galilée formule le principe d'inertie

« L'espace absolu, sans relation aux choses externes, demeure toujours similaire et immobile. »

Isaac Newton, 1687

Masse Qu'est-ce que la masse ? C'est une mesure de la quantité de matière d'un objet. La masse d'un morceau de métal est égale à la somme des masses des atomes qui le constituent. La différence entre masse et poids est subtile : le poids mesure la force de gravitation qui s'exerce sur un corps – un astronaute pèse moins sur la Lune que sur Terre parce que la force de gravitation exercée par la Lune, plus petite que la Terre, est moindre. Mais la masse de l'astronaute reste la même – le nombre d'atomes qui le constituent n'a pas changé. Selon Albert Einstein, qui a montré que masse et énergie étaient interchangeables, la masse peut être transformée en énergie pure. La masse est donc, en dernière instance, de l'énergie.

Inertie L'inertie, d'un mot latin signifiant « indolence », ressemble à la masse, mais, plus exactement, elle nous dit à quel point il est difficile de déplacer une chose en lui appliquant une force. Un corps doté d'une grande inertie résiste au mouvement. Même dans l'espace interstellaire, un objet corpulent nécessitera une force conséquente pour être mis en mouvement. Pour dévier un astéroïde géant, il faudrait une grande poussée, qu'elle soit le fait d'une explosion nucléaire ou d'une force moindre exercée pendant plus longtemps. Un vaisseau plus petit, ayant moins d'inertie que l'astéroïde, se laisse lui manœuvrer par de petits moteurs à réaction.

Galilée, l'astronome italien, formula le principe d'inertie au XVIIe siècle : un corps livré à lui-même, sur lequel ne s'exerce aucune force, conservera le même état de mouvement : s'il se meut, il continuera avec la même vitesse et dans la même direction ; s'il est au repos, il y demeurera. Newton exprima une version raffinée de cette idée dans la première de ses lois.

Le seau de Newton C'est Newton qui codifia et formalisa la gravitation. Il s'aperçut en effet que les corps possédant une masse s'attiraient les uns les autres. Une pomme tombe de l'arbre sur le sol parce qu'elle est attirée par la masse de la Terre. Cette dernière est également attirée par la masse de la pomme, mais il nous serait

1687 Newton publie son « argument du seau »

1893 Mach publie *La Mécanique*

1905 Einstein publie sa théorie de la relativité restreinte bien difficile de mesurer le déplacement microscopique de la Terre en direction de la pomme.

Newton démontra que l'intensité de l'attraction gravitationnelle décroît rapidement avec la distance : la force de gravité de la Terre est donc bien plus faible lorsqu'on flotte loin au-dessus d'elle que lorsqu'on se trouve sur sa surface. Mais, bien qu'amoindrie, l'attraction terrestre reste perceptible. Plus l'on s'éloigne, plus elle devient faible, mais elle peut toujours influencer un mouvement. En fait, tous les objets existant dans l'Univers exercent sur nous une petite attraction gravitationnelle susceptible d'affecter légèrement, subtilement, notre mouvement.

Newton essaya de comprendre les relations entre corps et mouvement en considérant un seau d'eau en rotation. Au début, lorsque le seau commence à tourner, l'eau reste immobile quand bien même son contenant bouge. Puis l'eau se met, elle aussi, à tourner. Sa surface se creuse tandis que le liquide tente de s'échapper en grimpant le long des parois, mais la force du seau la confine à l'intérieur. Newton avança que la rotation de l'eau ne pouvait être comprise que si elle était vue dans un référentiel fixe : celui de l'espace absolu. On pouvait dire que le seau était en rotation simplement en observant la concavité de la surface de l'eau, produite par l'action des forces en jeu.

Des siècles plus tard, Mach revint sur ce raisonnement. Qu'en serait-il si le seau rempli d'eau était le seul objet dans l'univers ? Comment sa rotation serait-elle perceptible ? Ne pourrait-on pas tout aussi bien considérer que l'eau est en rotation par rapport au seau ? La seule manière de trancher serait de placer un autre objet dans l'univers du seau, comme par exemple les murs d'un laboratoire ou même une étoile lointaine. Le seau serait alors clairement en rotation par rapport à cet autre corps. Mais sans les points de repères que constituent une pièce stationnaire et les étoiles fixes, qui pourrait dire lequel, de l'eau ou du seau, est en rotation ? Nous faisons la même expérience lorsque nous observons le Soleil et les étoiles traversant le ciel sur des trajectoires circulaires : sont-ce les étoiles ou bien la Terre qui tournent ? Comment savoir ?

Pour Mach, et Leibniz, il faut au mouvement des points de repères extérieurs pour qu'il ait un sens à nos yeux ; l'inertie n'est donc qu'un concept vide de sens dans un univers ne contenant qu'un seul objet. Par conséquent, si l'univers ne contenait pas d'étoiles, nous n'aurions aucune chance de savoir que la Terre tourne. Ce sont les étoiles qui nous disent que nous sommes en rotation par rapport à elles. L'idée de mouvement relatif plutôt qu'absolu exprimée dans le principe de Mach a inspiré de nombreux physiciens depuis son énoncé, notamment Einstein (qui a forgé l'expression « principe de Mach »). Einstein s'est basé sur l'idée que tout mouvement est relatif pour établir ses théories de la relativité restreinte et générale. Il a également résolu un des grands problèmes posés par le principe de Mach : rotation et

ERNST MACH 1838–1918

Outre le principe qui porte son nom, le physicien autrichien Ernst Mach est connu pour ses travaux sur l'optique, sur l'acoustique, sur la physiologie de la perception sensorielle, ainsi que pour ses recherches en philosophie des sciences et, surtout, celles sur la vitesse supersonique. Il publie en 1877 un article important dans lequel il décrit l'onde de choc produite dans son sillage par un corps se déplaçant plus vite que le son. C'est cette onde de choc dans l'air qui est à l'origine du boum que produit un avion supersonique. Le rapport entre la vitesse du projectile, ou de l'avion, et celle du son s'appelle aujourd'hui le nombre de Mach : Mach 2 correspond à deux fois la vitesse du son.

accélération doivent générer des forces supplémentaires, mais quelles et où sont-elles ? Einstein a montré que si tout dans l'univers était en rotation par rapport à la Terre, nous serions en effet soumis à une petite force qui entraînerait un certain type d'oscillations de notre planète.

La nature de l'espace intrigue les scientifiques depuis des millénaires. Les spécialistes contemporains de physique des particules le considèrent comme une marmite bouillonnante où sont continuellement créées et détruites des particules subatomiques. Masse, inertie, forces et mouvement pourraient toutes, *in fine*, être des manifestations d'une soupe quantique en ébullition.

idée clé
la masse influe sur le mouvement

02 Les lois de Newton

Isaac Newton fut l'un des savants les plus marquants, les plus polémiques et les plus influents de tous les temps. Il contribua à l'invention du calcul différentiel, expliqua la gravitation et identifia les couleurs constituant la lumière blanche. Ses trois lois du mouvement énoncent les principes qui font qu'une balle de golf suit une trajectoire courbe, que nous nous retrouvons pressés contre les portes d'une voiture dans un virage et que nous sentons une force dans la raquette lorsque l'on frappe la balle.

Même si ni les vélos ni les motos n'existaient à l'époque de Newton, ses trois lois expliquent comment un cascadeur peut tenir avec sa machine sur la pente verticale du mur de la mort et comment les cyclistes peuvent pédaler sur les pistes inclinées des Jeux olympiques.

Newton, qui vécut au XVIIe siècle, est considéré comme l'un des plus grands esprits de la science. Il fallut toute sa curisosité et son opiniâtreté pour comprendre certains des aspects de notre monde qui, derrière une simplicité apparente, cachent une grande profondeur, tels la trajectoire d'une balle qu'on lance ou la raison pour laquelle les choses tombent par terre plutôt qu'elles ne s'envolent, ou encore le mouvement des planètes autour du Soleil.

Dans les années 1660, Newton, étudiant lambda à l'université de Cambridge, entreprit de lire les grands textes des mathématiques. Ceux-ci l'amenèrent de l'étude des lois judiciaires à celles de la physique. Puis, lors d'une année sabbatique passée chez lui suite à la fermeture de l'université pour cause d'épidémie de peste, Newton fit les premiers pas qui devaient le conduire vers ses lois du mouvement.

Forces Empruntant à Galilée son principe d'inertie, Newton formula sa première loi. Elle dit qu'un corps ne se met en mouvement ni ne modifie sa vitesse à moins qu'une force n'agisse sur lui. Les corps immobiles restent au repos tant qu'aucune force ne leur est appliquée ; les corps se mouvant à une certaine vitesse continuent à

chronologie

350 av. J.-C.
Aristote suggère dans sa *Physique* que le mouvement est dû à des changements permanents

1640
Galilée formule le principe d'inertie.

Les lois de Newton

Première loi Les corps se déplacent en ligne droite à vitesse constante, ou demeurent immobiles, à moins qu'une force ne s'exerce qui modifie leur vitesse ou leur direction.

Deuxième loi Les forces entraînent des accélérations en proportion inverse de la masse d'un corps ($F = m{\cdot}a$).

Troisième loi L'action d'une force entraîne une réaction égale et opposée.

se mouvoir à cette même vitesse à moins qu'une force ne s'exerce sur eux. Une force (par exemple une poussée) apporte une accélération qui modifie la vitesse d'un objet. L'accélération est justement le changement de la vitesse sur un certain intervalle de temps.

Il nous est difficile de faire l'expérience de ce principe : si nous lançons un palet sur une patinoire, il glisse mais finit quand même par ralentir à cause des frottements avec la glace. Les frottements sont à l'origine d'une force qui ralentit le palet. Mais la première loi de Newton peut être vue comme un cas particulier dans lequel il n'y a pas de frottements. Le cas de figure le plus proche de cette situation idéale est celui de l'espace, mais même là des forces comme la gravitation s'exercent. Néanmoins, cette première loi fournit une base à partir de laquelle on peut comprendre forces et mouvement.

Accélération La deuxième loi de Newton établit une relation entre la grandeur d'une force et l'accélération qu'elle produit. La force requise pour accélérer un objet est proportionnelle à la masse de cet objet. Il faut une force plus grande pour accélérer les objets lourds – ou plutôt ceux ayant une grand inertie – que pour accélérer des objets plus légers. Ainsi, faire passer une voiture à l'arrêt à une vitesse de 100 km/h nécessiterait une force égale à la masse de la voiture multipliée par l'augmentation de sa vitesse par unité de temps. Algébriquement, la deuxième loi de

1687
Newton publie ses *Principia*

1905
Einstein publie sa théorie de la relativité restreinte

Newton s'écrit « $F = m \cdot a$ », c'est-à-dire : la force (F) égale la masse (m) fois l'accélération (a). En renversant cette définition, la deuxième loi dit, en d'autres termes, que l'accélération est égale à la force par unité de masse. À une accélération constante correspond une force par unité de masse inchangée. Ainsi la même force est nécessaire pour déplacer une masse d'un kilogramme, qu'elle fasse partie d'un corps petit ou gros. Ceci permet d'expliquer l'expérience imaginaire de Galilée quant à savoir lequel, du boulet de canon ou de la plume, arriverait le premier au sol si on les lâchait en même temps d'une même hauteur. On peut être tenté de penser que le boulet de canon arriverait avant la plume, mais ceci est simplement dû à la résistance de l'air qui ralentit la plume. Sans air, les deux objets tomberaient à la même vitesse et atteindraient le sol en même temps : soumis à la même accélération, celle de la pesanteur, ils tombent côte à côte, comme le marteau et la plume dans l'expérience réalisée par les astronautes d'*Apollo 15* sur la Lune, où aucune atmosphère n'est venu ralentir la plume.

Action-réaction La troisième loi de Newton dit que toute force appliquée à un corps entraîne une force de réaction égale et opposée de la part de ce corps. En d'autres termes, pour toute action, il y a réaction. C'est cette force opposée que l'on ressent dans le recul. Si une patineuse en pousse une autre, elle même partira vers l'arrière en poussant contre le corps de sa partenaire. De même, un tireur sent un recul du fusil dans son épaule lorsqu'il tire et ce recul est égal en grandeur à la force exercée sur la balle. Dans les films policiers, la victime qui essuie un coup de feu est souvent projetée en arrière par la force de l'impact ; ceci est trompeur, car si la force était vraiment si grande alors le tireur serait lui aussi projeté en arrière par le recul de son arme. Autre exemple, lorsque nous sautons en l'air, nous exerçons une force sur la Terre, mais la planète étant bien plus massive que nous, cette force n'a quasiment aucun effet sur elle.

Grâce à ces trois lois, plus celle de la gravitation, Newton put expliquer le mouvement de pratiquement tous les objets, des noisettes aux boulets de canon. Armé de ses trois équations, il aurait pu en toute confiance chevaucher une puissante cylindrée et gravir le mur de la mort, si ces choses avaient existé à son époque. Quelle confiance accorderiez-vous aux lois de Newton ? La première dit que la moto et son pilote veulent poursuivre leur route dans une certaine direction à une certaine vitesse. Mais pour maintenir la moto sur sa trajectoire circulaire, il faut, d'après la deuxième loi, une force confinante qui viennent continuellement modifier la direction du mouvement – ici, c'est la piste qui exerce cette force, à travers les roues. La force nécessaire est égale à la masse de la moto et de son pilote multipliée par leur accélération. La troisième loi explique, en réaction, la pression exercée par la moto sur la piste. C'est cette pression qui plaque le cascadeur sur le mur et, si la moto va suffisamment vite, lui permet même de grimper un mur vertical.

ISAAC NEWTON 1643–1727

Isaac Newton fut le premier savant à être annobli en Grande-Bretagne. Bien qu'ayant été un élève « oisif » et « dissipé » à l'école, et un étudiant peu remarquable à Cambridge, Newton s'épanouit soudainement au moment où la peste contraignit l'université à fermer ses portes, à l'été 1665. De retour chez lui, dans le Lincolnshire, Newton se consacra aux mathématiques, à la physique et à l'astronomie, et posa même les fondations du calcul différentiel. Il établit des versions préliminaires de ses lois du mouvement et déduisit la loi en inverse carré de la gravitation. Après ces avancées remarquables, Newton fut élu à la chaire lucasienne de mathématiques, en 1669, à seulement 27 ans. Tournant son attention vers l'optique, il découvrit à l'aide d'un prisme que la lumière blanche se composait des couleurs de l'arc-en-ciel, point sur lequel il eut une célèbre querelle avec Robert Hooke et Christiaan Huygens. Newton écrivit deux œuvres majeures, les *Philosophiae Naturalis Principia mathematica*, ou plus simplement les *Principia*, et l'*Optique*. Vers la fin de sa carrière, Newton s'engagea sur le plan politique. Il défendit la liberté académique lorsque le roi James II essaya d'intervenir dans les nominations universitaires, et entra au Parlement en 1689. Personnalité paradoxale, souhaitant d'un côté être au centre de l'attention et de l'autre se plaçant en retrait et cherchant à éviter toute critique, Newton usa de sa position pour combattre sans merci ses rivaux scientifiques et demeura jusqu'à sa mort une figure polémique.

Encore aujourd'hui, la connaissance des lois de Newton est suffisante pour prendre un virage en voiture à vive allure – et même, malheureusement, pour le rater. C'est pour les objets se déplaçant à une vitesse proche de celle de la lumière ou ayant un masse très faible que les lois de Newton ne sont plus valides : dans ces cas extrêmes, ce sont la relativité d'Einstein et la mécanique quantique qui prennent le relais.

idée clé
Le mouvement capturé

03 Les lois de Kepler

Johannes Kepler tenta de trouver en toute chose des motifs. Examinant des tables astronomiques où étaient consignées les boucles parcourues par Mars dans le ciel, il découvrit trois lois qui régissent le mouvement des planètes. Kepler décrivit les orbites elliptiques qu'elles parcourent, les plus lointaines se mouvant plus lentement autour du Soleil. Non seulement les lois de Kepler transformèrent l'astronomie, mais elles posèrent également les bases de la loi de la gravitation universelle de Newton.

Dans leur mouvement autour du Soleil, les planètes les plus proches de l'étoile se déplacent plus rapidement que celles qui sont plus éloignées. Mercure fait le tour du Soleil en seulement 80 jours terrestres. Si Jupiter se déplaçait à la même vitesse, il ne lui faudrait qu'environ 3,5 années terrestres pour parcourir son orbite, alors qu'il lui en faut 12 en réalité. Dans leur ballet, les planètes passent les unes devant les autres, et lorsque la Terre dépasse une de ses consœurs, celle-ci effectue, dans le ciel terrestre, une trajectoire rétrograde. Ces mouvements rétrogrades constituaient une grande énigme à l'époque de Kepler. C'est en résolvant cette énigme que Kepler découvrit les idées qui devaient le conduire à ses trois lois du mouvement planétaire.

> **« Je compris soudain que ce joli petit pois bleu était la Terre. Je levai mon pouce en l'air et fermai un oeil : mon pouce masqua notre planète. Je n'eus pas l'impression d'être un géant. Je me sentis très, très petit. »**
>
> **Neil Armstrong**, né en 1930

Des motifs polygonaux Le mathématicien allemand Johannes Kepler essaya de déceler des motifs dans la nature. Il vécut à la fin du XVIe et au début du XVIIe siècle, l'astrologie jouissait alors d'une considération assez sérieuse, tandis que l'astronomie en tant que science en était à ses balbutiements. En matière de révélation des lois de la nature, les idées religieuses et spirituelles comptaient tout autant que l'observation. Lui-même empreint d'un certain mysticisme, Kepler était convaincu que la structure sous-jacente de l'Univers reposait sur des formes géométriques parfaites ; il essaya toute sa vie de dégager d'imaginaires motifs polygonaux cachés dans les œuvres de la nature.

chronologie

vers 580 av. J.-C.
Aristote énonce que les planètes sont en orbite sur des sphères cristallines parfaites

vers. 150 av. J.-C.
Ptolémée observe le mouvement rétrograde et suggère que les planètes se meuvent sur des épicycles

JOHANNES KEPLER 1571–1630

Johannes Kepler s'intéressa à l'astronomie dès l'enfance, allant jusqu'à noter dans son journal, alors qu'il n'avait pas dix ans, le passage d'une comète ainsi qu'une éclipse de Lune. Il publia, durant les années où il enseigna à Graz, une théorie cosmologique dans un ouvrage intitulé *Mysterium Cosmographicum* (*Les mystères du Cosmos*). Il devint ensuite l'assistant de Tycho Brahe dans son observatoire situé près de Prague ; il lui succéda en tant que Mathématicien impérial en 1601, chargé de préparer l'horoscope de l'empereur. Kepler analysa les tables astronomiques deTycho et publia ses théories relatives aux orbites non circulaires ainsi que sa première et sa deuxième loi dans *Astronomia Nova* (*La nouvelle astronomie*). En 1620, la mère de Kepler, bien au fait des vertus médicinales des plantes, fut accusée de sorcellerie et emprisonnée et Kepler dut mener une grande bataille judiciaire pour la faire libérer. Il parvint néanmoins à poursuivre ses travaux et sa troisième loi fut publiée dans son célèbre *Harmonices Mundi* (*L'harmonie des mondes*).

Les travaux de Kepler vinrent un siècle après la formulation par l'astronome polonais Nicolas Copernic de son hypothèse selon laquelle le Soleil était au centre de l'Univers, la Terre tournant autour de lui, plutôt que l'inverse. Auparavant, depuis le philosophe grec Ptolémée, le modèle prévalant était celui de sphères de cristal portant le Soleil et les étoiles en orbite autour de la Terre. Copernic n'osa pas publier cette hypothèse radicale de son vivant, laissant le soin à ses collègues de le faire juste avant sa mort, de peur de s'opposer à la doctrine de l'Église. Copernic causa néanmoins une grande agitation en suggérant que la Terre n'était pas le centre de l'Univers, ce qui impliquait que les humains n'en étaient pas les créatures les plus importantes, comme la vision d'un dieu anthropocentrique le voulait.

Kepler avait adopté le système héliocentrique de Copernic, mais continuait de croire que les planètes tournaient autour du Soleil sur des trajectoires circulaires. Il imagina un système dans lequel les orbites de planètes se trouvaient sur une série de sphères emboîtées comme des poupées russes, et espacées selon des rapports calculés à partir d'objets tridimensionnels devant tenir dans chacune d'elles. Il imagina donc une série de polygones ayant un nombre croissant de côtés et qui pouvaient se loger dans les sphères successives. L'idée selon laquelle les lois de la nature devaient suivre des rapports géométriques fondamentaux était apparue dans l'antiquité grecque.

1543	1576	1609	1687
Copernic propose un système héliocentrique	Tycho Brahe effectue un relevé des positions des planètes	Kepler découvre que les planètes décrivent des orbites elliptiques	Newton explique les lois de Kepler grâce à sa théorie de la gravitation

> **« Nous ne sommes qu'une race avancée de chimpanzés, sur une planète mineure en orbite autour d'une étoile tout à fait moyenne. Mais nous sommes capables de comprendre l'Univers, ce qui fait de nous quelque chose de très particulier. »**
>
> **Stephen Hawking, 1989**

Le terme « planète » vient du mot grec signifiant « vagabond » : beaucoup plus proches de la Terre que les étoiles lointaines, les planètes semblent vagabonder dans le ciel nocturne. Nuit après nuit, elles se fraient un chemin à travers les étoiles ; mais, régulièrement, elles font demi-tour et parcourent une petite boucle vers l'arrière. On crut longtemps que ces mouvements rétrogrades étaient de mauvais présages. Dans le modèle de Ptolémée, ce comportement était incompréhensible, les astronomes ajoutaient donc des « épicycles » – des boucles – à l'orbite d'une planète pour reproduire son mouvement. Ceci ne fonctionnait pas très bien et, même si le modèle héliocentrique de Copernic nécessitait moins d'épicycles que l'ancien, géocentrique, il ne parvenait pas à expliquer les mouvements en détail.

Essayant de démontrer ses idées géométriques à l'aide des orbites des planètes, Kepler utilisa les données les plus précises disponibles à son époque : des tables complexes et imbriquées, établies à force de patience et de persévérance par Tycho Brahe. Dans ces colonnes de chiffres, Kepler discerna des motifs qui lui suggérèrent ses trois lois.

C'est en élucidant le mouvement rétrograde de Mars que Kepler réalisa une avancée décisive. Il comprit que les boucles rétrogrades correspondraient aux orbites des planètes si celles-ci étaient elliptiques et non circulaires. L'ironie est que cela contredisait l'idée d'une nature formée sur la base de formes parfaites : Kepler dut être à la fois ravi et profondément déçu car toute sa philosophie géométrique se révélait fausse.

Les lois de Kepler

Première loi Les orbites des planètes sont des ellipses dont le Soleil occupe l'un des foyers.

Deuxième loi En parcourant son orbite, une planète balaie des aires égales en des durées égales.

Troisième loi Les périodes orbitales sont liées à la taille des ellipses, le carré de la période étant proportionnel au cube du demi grand axe de l'orbite.

Orbites La première loi de Kepler dit que les planètes se meuvent sur des orbites elliptiques dont le Soleil occupe l'un des deux foyers.

Sa deuxième loi décrit la vitesse à laquelle une planète parcourt son orbite. Le long de sa trajectoire, une orbite balaie une aire constante en un temps donné. L'aire est mesurée en utilisant la portion angulaire comprise entre le Soleil et les deux positions de la planète (*AB* ou *CD*), comme une part de gâteau. Les orbites étant elliptiques, il

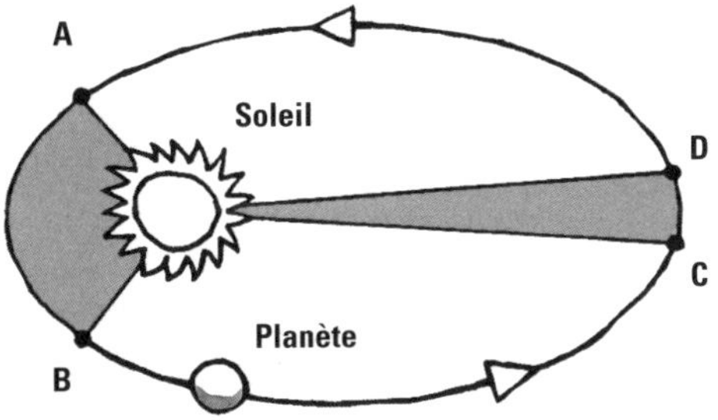

faut, pour balayer une aire donnée, qu'elle parcoure une distance plus grande quand la planète est proche du soleil que lorsqu'elle est loin. Une planète se déplace donc plus vite lorsqu'elle est plus proche du Soleil. La loi de Kepler lie la vitesse d'une planète et sa distance au Soleil et, bien que Kepler ne l'ait pas réalisé, ceci est dû au fait que l'accélération d'une planète par la gravitation est d'autant plus grande qu'elle est proche du Soleil et de sa masse.

La troisième loi de Kepler nous dit comment les périodes orbitales varient selon les ellipses, donc selon les planètes avec toute leur gamme de distances au Soleil. Elle énonce que les carrés des périodes orbitales sont inversement proportionnels aux cubes des grands axes des orbites elliptiques. Plus l'orbite est grande, plus la période est longue, c'est-à-dire plus le temps mis à parcourir l'orbite est long. Ainsi, une planète deux fois plus éloignée du Soleil que la Terre mettrait 8 fois plus de temps à parcourir son orbite. Les planètes plus éloignées se déplacent plus lentement que les plus proches. Il faut près de 2 années terrestres à Mars pour opérer une révolution, 29 pour Saturne et 165 pour Neptune.

Avec ses trois lois, Kepler parvint à décrire les orbites de toutes les planètes de notre système solaire. Ses lois s'appliquent également à tout corps en orbite autour d'un autre, qu'il s'agisse de comètes, d'astéroïdes ou de lunes dans notre système solaire, de planètes autour d'autres étoiles ou même de satellites en orbite autour de la Terre. Kepler réussit à unifier des principes sous la forme de lois géométriques, mais il ne savait pas pourquoi ces lois étaient valables. Il pensait qu'elles émanaient des motifs géométriques sous-tendant la nature tout entière ; il fallut attendre Newton pour que fussent unifiées en une théorie universelle de la gravitation les trois lois de Kepler.

« Je mesurais les cieux, je mesure à présent les ombres de la Terre. L'esprit était céleste, ci-gît l'ombre du corps. »

Épitaphe de Kepler, 1630

idée clé
La loi des mondes

04 La gravitation universelle

Isaac Newton fit un pas de géant en unissant les trajectoires des boulets de canon ou celle du fruit tombant de l'arbre et les mouvements des planètes, reliant ainsi la Terre et les Cieux. Sa loi de la gravitation demeure un des concepts les plus puissants de la physique et explique une grande partie du comportement physique de notre monde. Newton proposa que les corps s'attirent les uns les autres *via* la force de gravitation, l'intensité de cette force décroissant avec le carré de la distance.

On raconte que l'idée d'une gravitation universelle vint à Isaac Newton en voyant une pomme tomber d'un arbre. Que cette histoire soit vraie ou non, Newton sut englober dans sa réflexion les mouvements célestes autant que terrestres pour forger sa loi de la gravitation.

« La gravité est une habitude dont il est difficile de se défaire. »

Terry Pratchett, 1992

Newton savait que les objets étaient attirés vers le sol par une force accélératrice (cf. page 8). Puisque les pommes tombent de l'arbre, que se passerait-il si l'arbre était beaucoup plus grand ? S'il atteignait la Lune ? Pourquoi la Lune ne tombe-t-elle pas sur la Terre comme une pomme ?

Laisser tomber C'était dans ses lois du mouvement, qui établissaient le lien entre forces, masse et accélération, que Newton devait trouver la réponse. Un boulet envoyé par un canon parcourt une certaine distance avant de toucher le sol. Qu'arriverait-il si sa vitesse initiale était plus grande ? Il irait plus loin. Et s'il était propulsé si vivement qu'il allât suffisamment loin en ligne droite pour voir la surface de la Terre s'incurver sous sa trajectoire, où tomberait-il ? Newton réalisa qu'il continuerait à être attiré par la Terre mais poursuivrait sa route sur une orbite circulaire. Exactement comme un satellite ressent une attraction continuelle sans jamais tomber.

chronologie

350 av. J.-C.
Aristote discute les raisons de la chute des corps

1609
Kepler découvre les lois des orbites planétaires

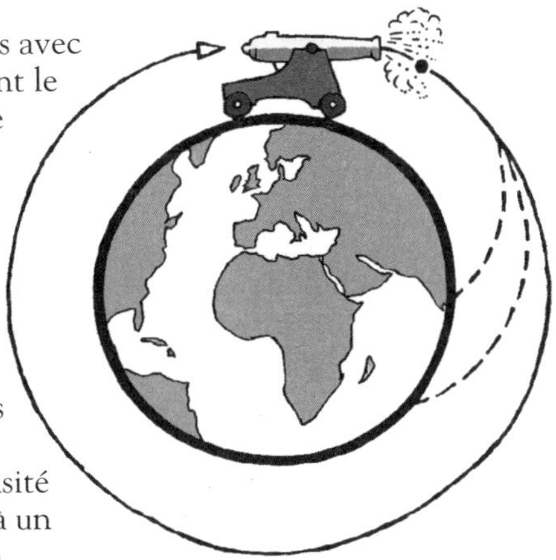

Aux Jeux olympiques, lorsque les lanceurs tournent sur eux-mêmes avec leur marteau, c'est la force qu'ils exercent sur la corde qui maintient le marteau en rotation. Sans cette force, le marteau partirait en ligne droite – comme il le fait lorsqu'il est lâché. C'est tout simplement la même chose pour le boulet de canon de Newton : sans la force centripète liant le projectile à la Terre, il partirait dans l'espace. En poussant plus loin son raisonnement, Newton comprit que si la Lune tient dans le ciel, c'est parce qu'elle aussi est liée par la gravitation. Sans la gravitation, elle partirait dans l'espace.

Loi en inverse carré Newton essaya ensuite de quantifier ses prédictions. Après un échange de lettres avec Robert Hooke, il montra que la gravitation suivait une loi en inverse carré – l'intensité de la gravitation décroît en raison inverse du carré de la distance à un corps. Ainsi, si l'on s'éloigne deux fois plus d'un corps, l'attraction gravitationnelle qu'il exerce sera quatre fois moindre ; la force gravitationnelle exercée par le Soleil sur une planète dont l'orbite la place deux fois plus loin que la Terre sera donc quatre fois moindre, tandis qu'une planète placée trois fois plus loin de notre étoile ressentira une attraction neuf fois moindre.

La loi en inverse carré de Newton permit d'expliquer en une seule équation les orbites de toutes les planètes, telles que décrites par les trois lois de Johannes Kepler (cf. page 12). La loi de Newton prédisait directement que les planètes devaient se mouvoir plus vite sur la portion de leur orbite elliptique située plus près du Soleil : une planète ressent une force plus grande lorsqu'elle est plus proche du Soleil, ce qui la fait aller plus vite. Tandis que sa vitesse augmente, elle s'éloigne du Soleil, ralentissant à nouveau. Newton subsuma donc tous les travaux antérieurs sous une seule grande et profonde théorie.

Loi universelle Généralisant avec audace, Newton suggéra ensuite que sa théorie s'appliquait à toute chose dans l'Univers. Tout corps exerce une force gravitationnelle proportionnelle à sa masse et cette force décroît comme l'inverse du carré de la distance à ce corps. Ainsi toute paire d'objets exerce une attraction mutuelle. Mais, la gravité

> **« Chaque corps dans l'Univers attire chaque autre corps le long d'une ligne passant par les centres des deux corps, avec une force proportionnelle à la masse de chacun des corps et inversement proportionnelle au carré de la distance entre les corps. »**
>
> **Isaac Newton,** 1687

1640 Galilée énonce le principe d'inertie

1687 Newton publie les *Principia*

1905 Einstein publie la théorie de la relativité restreinte

1915 Einstein publie la théorie de la relativité générale étant une force très faible, nous n'en percevons réellement les conséquences que pour les objets dont la masse est grande, tels le Soleil, la Terre et les autres planètes.

Si nous examinons les choses avec soin, toutefois, il est possible de déceler de minuscules variations dans l'intensité locale de l'attraction gravitationnelle à la surface de la Terre. En effet, les montagnes les plus grosses, et les variations de densité des couches rocheuses, peuvent faire augmenter ou diminuer l'intensité de la gravitation dans leurs environs, et l'on peut, à l'aide d'un appareil mesurant le champ gravitationnel, cartographier ainsi des aires géographiques et étudier la structure de la croûte terrestre. Les archéologues utilisent eux aussi parfois les indications que donnent de minuscules variations du champ gravitationnel pour découvrir des vestiges. Récemment, des chercheurs ont utilisé des satellites capables de mesurer le champ gravitationnel terrestre pour relever l'épaisseur (qui va décroissant) de la calotte glaciaire aux Pôles ainsi que pour détecter les changements entraînés, dans la croûte terrestre, par de violents tremblements de terre.

À la surface de la Terre, l'accélération due à la gravité, g, est de 9,8 mètres par seconde par seconde.

Revenons au XVIIe siècle. Newton rassembla toutes ses idées relatives à la gravitation dans un livre, intitulé *Philosophiae naturalis principia mathematica*, généralement désigné sous le nom de *Principia*. Publiés en 1687, les *Principia* sont toujours considérés comme une référence scientifique incontournable. La gravitation universelle de Newton permettait non seulement d'expliquer les mouvements des planètes et de leurs satellites mais aussi ceux des projectiles, des pendules et des pommes. Newton expliquait les orbites des comètes, la formation des marées et les oscillations de l'axe terrestre. Cet œuvre ancra Newton dans la postérité, comme un des plus grands scientifiques de tous les temps.

La découverte de Neptune

La planète Neptune fut découverte grâce à la loi de la gravitation de Newton. Au début du XIXe siècle, les astronomes remarquèrent qu'Uranus ne suivait pas une orbite simple mais se comportait comme si un autre corps venait perturber sa trajectoire. Diverses prédictions furent établies, basées sur la loi de Newton, et, en 1846, fut découverte près de la position calculée une nouvelle planète, baptisée Neptune du nom du Dieu des océans dans la mythologie romaine. Un désaccord opposa astronomes français et britanniques quant à l'auteur de la découverte, attribuée aujourd'hui conjointement à John Couch Adams et à Urbain le Verrier. La masse de Neptune représente dix-sept fois celle de la Terre, c'est une géante gazeuse possédant une épaisse et dense atmosphère d'hydrogène, d'hélium, d'ammoniac et de méthane enserrant un cœur solide. La couleur bleue des nuages de Neptune vient du méthane, et ses vents sont les plus forts du système solaire, avec des rafales pouvant atteindre 2 500 km/h.

Les marées

Newton décrivit le phénomène des marées dans son livre, les *Principia*. Les marées apparaissent parce que la Lune n'attire pas avec la même force l'eau des océans selon que ceux-ci se trouvent sur la face proche ou sur la face opposée de la Terre. La différence d'attraction gravitationnelle sur des faces opposées cause un grossissement des eaux dans la direction Terre-Lune, à la fois vers la Lune et de l'autre côté, ce qui conduit à des marées toutes les douze heures. Même si le Soleil, de masse plus grande, exerce une force gravitationnelle plus importante sur la Terre que la Lune, de masse plus petite, celle-ci a un effet de marée plus marqué en raison de sa proximité. La loi en inverse carré fait que le gradient de gravitation (la différence entre les forces ressenties sur les deux faces de la Terre) est bien plus grand dans le cas de la Lune, plus proche, que dans celui du Soleil, plus distant. Au moment de la pleine lune ou de la nouvelle lune, la Terre, le Soleil et la Lune sont tous alignés et il en résulte des marées particulièrement grandes appelées « vives eaux », par opposition aux « mortes eaux » qui sont le résultat d'une disposition à angle droit des trois corps.

La loi de la gravitation universelle de Newton existe depuis des centaines d'années maintenant et donne encore aujourd'hui une description élémentaire du mouvement des corps. Cependant, la science avance, et les chercheurs du XXe siècle ont bâti sur ces fondations, plus particulièrement Einstein, avec sa théorie de la relativité générale. La gravitation newtonienne fonctionne toujours bien pour décrire la plupart des objets qui nous entourent ainsi que les mouvements des planètes, comètes ou astéroïdes du système solaire situés à des distances suffisamment grandes du Soleil pour que la gravitation y soit relativement faible. Ainsi, bien que la loi de Newton fût assez puissante pour prédire la position de Neptune – découverte en 1846, à l'endroit escompté, au-delà d'Uranus –, ce fut l'orbite d'une autre planète, Mercure, qui nécessita d'aller plus loin que la théorie newtonienne. Il faut en effet recourir à la relativité générale pour décrire des situations dans lesquelles la gravitation est très forte, comme par exemple près du Soleil, près des étoiles ou près des trous noirs.

> **« On a pu dire que s'opposer à la mondialisation était comme s'opposer aux lois de la gravitation. »**
>
> **Kofi Annan,** né en 1938

idée clé
Attraction de masse

05 La conservation de l'énergie

L'énergie est une force d'animation qui transforme les choses ou les fait se mouvoir. Elle prend de très nombreuses formes et peut se manifester comme un changement de hauteur ou de vitesse, comme des ondes électromagnétiques se propageant ou comme les vibrations des atomes responsables de la chaleur. Bien que l'énergie puisse passer d'une forme à une autre, la quantité totale d'énergie est toujours conservée. On ne peut en créer ni jamais en détruire.

Tout le monde connaît l'énergie comme élément moteur. Fatigués, nous en manquons ; joyeux et bondissant de tous côtés, nous en débordons. Mais qu'est-ce que l'énergie ? L'énergie qui alimente notre corps provient de la combustion d'éléments chimiques, de la transformation d'un type de molécules en un autre type, avec, au passage, une libération d'énergie. Mais quels genres d'énergie se cachent derrière un skieur dévalant une pente ou une ampoule qui s'allume ? Sont-ce vraiment une seule et même chose ?

Revêtant mille aspects, l'énergie est difficile à définir : encore aujourd'hui, les physiciens ne savent pas dire ce qu'est l'énergie intrinsèquement, même s'ils sont experts pour décrire ce qu'elle peut faire et comment on peut l'utiliser. L'énergie est une propriété de la matière et de l'espace, une sorte de carburant, de concentré de vitalité qui a le potentiel de créer, de déplacer, de transformer. Les philosophes de la nature ont, depuis les Grecs, une notion assez vague de l'énergie, vue comme une force ou une essence qui anime les objets ; c'est cette idée qui demeure, à travers les âges.

Échange d'énergie Galilée fut le premier à remarquer qu'on pouvait transformer un type d'énergie en un autre. Considérant les oscillations d'un pendule, il vit que celui-ci échangeait hauteur contre vitesse, et vice versa, la vitesse du pendule étant nulle aux extrémités de son balancement, et maximale au point le plus bas.

chronologie

vers 600 av. J.-C.
Thalès de Milet théorise la transformation des matériaux

1638
Galilée remarque le transfert entre énergie cinétique et énergie potentielle dans un pendule

1676
Leibniz formule mathématiquement les transferts d'énergie et dénomme celle-ci *vis viva*

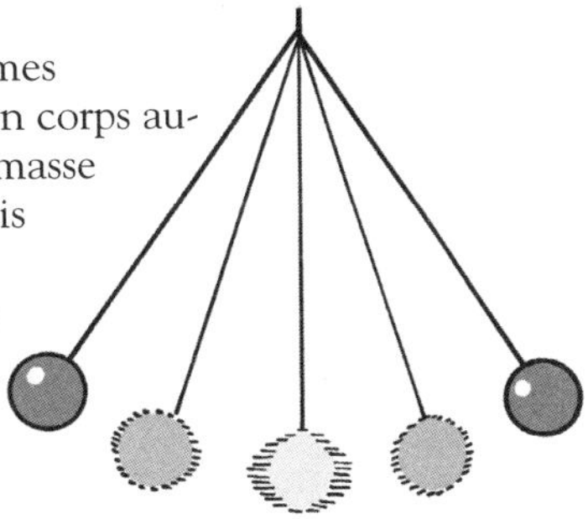

Le raisonnement que tint Galilée fut que le pendule échangeait deux formes d'énergies. L'une est l'énergie potentielle gravitationnelle, que contient un corps au-dessus du sol. Il faut ajouter de l'énergie gravitationnelle pour hisser une masse donnée, énergie qui est libérée lorsque la masse tombe. Si vous avez jamais gravi une côte à bicyclette, vous savez qu'il faut beaucoup d'énergie pour lutter contre la gravitation. L'autre type d'énergie que possède le pendule est l'énergie cinétique – l'énergie du mouvement, qui accompagne la vitesse. Le pendule convertit donc de l'énergie potentielle gravitationnelle en énergie cinétique et vice versa. Un cycliste malin utilise exactement le même principe : en descendant une pente il peut prendre de la vitesse, arriver en bas sans pédaler et même utiliser cette vitesse pour monter une partie de la côte de l'autre côté.

De même, la conversion d'énergie potentielle en énergie cinétique peut être utilisée pour alimenter nos habitations. Les barrages hydroélectriques prennent de l'eau à une hauteur donnée et la relâche plus bas, utilisant la vitesse gagnée par le fluide pour faire tourner des turbines et générer de l'électricité.

Les mille visages de l'énergie L'énergie se manifeste sous de nombreuses formes qui peuvent être stockées de manières diverses. Un ressort en compression retient de l'énergie élastique qui peut être libérée à la demande. L'énergie calorifique augmente les oscillations des atomes et des molécules dans les matériaux chauds ; ainsi, si une casserole métallique sur une cuisinière se réchauffe, c'est parce que l'apport d'énergie conduit ses atomes à s'agiter plus et plus vite. L'énergie peut également être transmise sous la forme d'ondes électromagnétiques, telles les ondes radio ou les ondes lumineuses, et l'énergie chimique peut être libérée par des réactions, telles que celles qui ont lieu dans notre propre système digestif.

Les formules

L'énergie gravitationnelle (EG) s'écrit, mathématiquement, $EG = mgh$, c'est-à-dire masse (m) fois accélération de la pesanteur (g) fois hauteur (h). Ceci équivaut au produit d'une force ($F = ma$ d'après la deuxième loi de Newton) et d'une distance. Une force communique donc de l'énergie.

L'énergie cinétique est donnée par $EC = mv^2/2$, l'énergie cinétique croît donc comme le carré de la vitesse (v). Cela revient également à calculer la force moyenne multipliée par la distance parcourue.

1807 Young baptise « l'énergie »

1905 Einstein montre que masse et énergie sont équivalentes

Einstein découvrit que la masse elle-même possède une forme spécifique d'énergie associée, qui peut être libérée si la matière est détruite. Ainsi, masse et énergie sont équivalentes : c'est la célèbre équation $E = mc^2$ – l'énergie libérée (E) par la destruction d'une masse m est égale à m fois la vitesse de la lumière (c) au carré. Ce type de libération d'énergie apparaît dans une explosion nucléaire ou dans les réactions de fusion nucléaire qui alimentent notre Soleil (cf. pages 136–143). La multiplication par le carré de la vitesse de la lumière, qui est très grande (dans le vide, la lumière parcourt 300 millions de mètres par seconde), fait que la quantité d'énergie libérée par la destruction d'un tout petit nombre d'atomes est énorme.

Nous consommons de l'énergie à la maison et en utilisons pour faire tourner nos économies. Nous parlons de production d'énergie mais en réalité il ne s'agit que de transformation d'une forme en une autre. Nous prenons par exemple l'énergie chimique du charbon ou du gaz naturel et la convertissons en chaleur pour faire tourner des turbines et créer de l'électricité. En fait, même l'énergie chimique du charbon et du gaz naturel vient du Soleil : l'énergie solaire est donc à la racine de tout ce qui fonctionne sur Terre. Et, bien que nous nous souciions de l'épuisement des ressources énergétiques terrestres, l'énergie qui pourrait être tirée du Soleil est largement suffisante pour couvrir nos besoins – à condition de savoir la récolter.

Conservation de l'énergie La conservation de l'énergie en tant que loi physique ne signifie pas « réduisez votre consommation domestique » ; elle dit que la quantité totale d'énergie demeure inchangée, même si l'énergie peut être convertie. Ce principe n'est apparu que relativement récemment, après l'étude de nombreuses formes d'énergie prises individuellement. C'est au début du XIXe siècle que Thomas Young introduisit le mot « énergie » ; auparavant cette force vitale avait été nommée « *vis viva* » par Gottfried Leibniz, le premier à avoir mis en équation le pendule.

On s'aperçut rapidement que l'énergie cinétique n'était pas conservée : balles et volants d'inertie ne poursuivaient pas leur mouvement éternellement, ils ralentissaient et finissaient par s'arrêter. Mais, souvent, un mouvement rapide causait un échauffement, par frottement, par exemple lors du bourrage d'un canon métallique – les expérimentateurs en déduisirent que la chaleur était une des destinations de l'énergie libérée. Au fur et à mesure qu'ils rendirent compte des différents types d'énergie à l'œuvre dans les machines, les scientifiques montrèrent que l'énergie était transférée d'une forme à une autre, mais jamais détruite ni créée.

La quantité de mouvement L'idée de conservation, en physique, n'est pas réservée à l'énergie. Deux autres principes sont intimement liés – la conservation de la quantité du mouvement et celle du moment cinétique (ou moment angulaire). La quantité de mouvement correspond au produit de la masse par la vitesse, et décrit donc la difficulté à ralentir un objet en mouvement. Un objet lourd se déplaçant rapidement possède une grande quantité de mouvement, il est donc difficile à dévier ou arrêter. Ainsi un camion roulant à 60 km/h possède une plus grande quantité de mouvement qu'une voiture roulant à la même allure, et causera des dommages d'autant plus importants s'il vous percute. La quantité de mouvement ne se caractérise pas seulement par une grandeur mais aussi par une direction, celle du vecteur vitesse. Des objets qui entrent en collision échangent de la quantité de mouvement, mais de telle manière que la quantité de mouvement totale est conservée, à la fois en grandeur et en direction. Si vous avez jamais joué au billard, vous avez déjà mis ce principe en pratique. Quand deux boules se percutent, elles s'échangent du mouvement mais la quantité totale de mouvement est conservée : si une boule en mouvement vient percuter une boule au repos, la combinaison des mouvements ultérieurs des deux boules correspondra au mouvement initial de la première boule, à la fois en grandeur et en direction. On peut ainsi calculer la vitesse et la direction de chaque boule en se basant sur la conservation de la quantité de mouvement.

La conservation du moment cinétique suit le même principe. Le moment cinétique d'un objet autour d'un point est défini comme le produit vectoriel de la quantité de mouvement de l'objet par la distance entre l'objet et le point. La conservation du moment cinétique est mise à profit par les patineurs sur glace, par exemple. Bras et jambes écartés, ils tournent lentement sur eux-mêmes ; en les resserrant, ils peuvent tourner plus vite, parce que les dimensions réduites doivent être compensées par une vitesse de rotation plus grande. Vous pouvez essayer sur une chaise de bureau, cela marche aussi.

Les conservations de l'énergie et de la quantité de mouvement sont encore fondamentales pour la physique moderne. Elles ont trouvé leur place dans des domaines tels que la relativité générale ou la mécanique quantique.

idée clé
Indestructible énergie

06 Le mouvement harmonique simple

Nombre de vibrations suivent un mouvement harmonique simple, c'est-à-dire reproduisent les oscillations d'un pendule. Lié au mouvement circulaire, on l'observe dans les atomes en vibration, les circuits électriques, les vagues, les ondes lumineuses et même les ponts, lorsqu'ils vibrent. Bien que le mouvement harmonique simple soit prévisible et stable, des forces extérieures, même faibles, peuvent le déstabiliser et entraîner une catastrophe.

Vibrations et oscillations sont des choses extrêmement courantes. Nous avons tous rebondi en nous asseyant un peu vite sur un lit ou un siège à ressorts, nous avons tous ou presque pincé une corde de guitare ou entendu un haut-parleur électronique. Dans tous les cas, il s'agit d'oscillations.

Le mouvement harmonique simple décrit la force de rappel qui s'applique à un objet que l'on déplace. Il oscille d'avant en arrière avant de se fixer à nouveau à son point de départ. La force de rappel à l'origine du mouvement harmonique s'oppose toujours au mouvement de l'objet et est d'autant plus forte que le déplacement de l'objet est grand. Donc, plus l'objet s'éloigne, plus la force de rappel qu'il ressent est grande. Il est propulsé de l'autre côté et, comme un enfant sur une balançoire, il est alors soumis à une force de rappel opposée qui finit par l'arrêter et le faire repartir dans le sens inverse. Ainsi va-t-il et vient-il.

Les pendules Une autre manière de concevoir le mouvement harmonique simple est de l'envisager comme la projection sur une ligne d'un mouvement circulaire, comme l'ombre d'une balançoire d'enfant portée sur le sol. Tout comme un pendule, l'ombre de la balançoire, allant et venant au fil du mouvement de la vraie balançoire, se meut lentement aux extrémités, et rapidement au milieu du cycle. Dans les deux cas, pendule ou balançoire échangent de l'énergie potentielle gravitationnelle, c'est-à-dire de la hauteur, contre de l'énergie cinétique, c'est-à-dire de la vitesse.

chronologie

1640
Galilée invente la pendule

1851
Foucault montre la rotation de la Terre grâce à un pendule géant

Un pendule suit un mouvement harmonique simple. Si l'on représente la distance qui le sépare du point central en fonction du temps, on obtient une onde sinusoïdale, une harmonique correspondant à la fréquence du pendule. Le pendule aimerait bien pendre verticalement, au repos, mais une fois poussé d'un côté, la force de gravitation le ramène vers le centre en lui donnant de la vitesse, et les oscillations continuent.

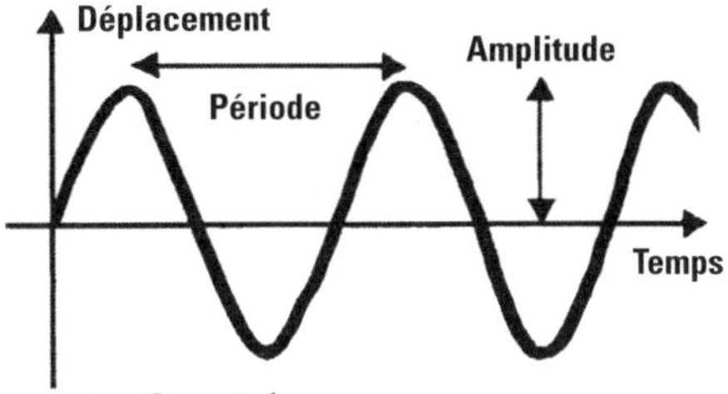

La Terre en rotation Les pendules sont sensibles à la rotation de la Terre. Celle-ci induit une rotation lente du plan d'oscillation du pendule. Imaginez un pendule suspendu au-dessus du Pôle Nord, il oscille dans un plan qui demeure fixe par rapport aux étoiles. La Terre, en dessous de lui, tourne et donc, pour qui le regarde depuis un point terrestre, le plan d'oscillation du pendule semble parcourir 360° en une journée. On n'observe aucune rotation si le pendule est situé au niveau de l'équateur car son point d'attache suit alors la rotation de la Terre sans que son plan d'oscillation ne change. En toute autre latitude, c'est un effet intermédiaire entre ces deux extrêmes que l'on observe. Ainsi, un simple pendule suffit à démontrer le fait que la Terre tourne.

Le physicien français Léon Foucault est resté célèbre pour sa réalisation publique de cette expérience, pour laquelle il a suspendu un pendule de 70 mètres de long à la coupole du Panthéon de Paris. De nos jours, de par le monde, nombreux sont les musées scientifiques qui hébergent un pendule de Foucault géant. Pour que l'expérience fonctionne, il faut que la première oscillation soit initiée avec beaucoup de délicatesse de manière à ce que le plan d'oscillation soit bien régulier et qu'il n'y ait aucune torsion. On adjoint souvent à ces pendules géants une assistance motorisée pour contrebalancer le ralentissement dû aux frottements de l'air.

La mesure du temps Bien que connu depuis le Xe siècle, ce n'est pas avant le XVIIe que le pendule fut utilisé en horlogerie. La période de rotation d'un pendule dépend de sa longueur. Plus son fil est court, plus il oscille rapidement. Pour ajuster son rythme d'oscillation, on ajoute au pendule de Big Ben, à Londres, de vieilles pièces d'un penny. Celles-ci modifient légèrement la position du centre de gravité du pendule ; une méthode à la fois plus simple à mettre en œuvre et plus précise que de déplacer l'ensemble du pendule vers le haut ou vers le bas.

1940 Le pont de Tacoma Narrows s'effondre

2000 Le Millenium Bridge (dit « Le Tremblant ») doit fermer suite à des problèmes de résonance

Le mouvement harmonique simple ne se limite pas aux pendules : il est très courant dans la nature. On le retrouve partout dès que quelque chose vibre librement, qu'il s'agisse de courants alternatifs dans les circuits électriques, de particules en mouvement dans les vagues ou même du mouvement des atomes dans l'univers primitif.

« En ajoutant un vieux penny au pendule de Big Ben, celui-ci gagne deux cinquièmes de seconde par jour. On ne sait pas encore ce que cela donne avec un Euro. »

Thwaites & Reed, 2001
(Entreprise en charge de Big Ben)

La résonance Des oscillations plus complexes peuvent être décrites en partant du mouvement harmonique simple et en ajoutant des forces extérieures. Les oscillations peuvent être amplifiées, en apportant de l'énergie *via* un moteur, ou amorties, en absorbant une partie de leur énergie pour qu'elles diminuent. Par exemple, on peut faire vibrer longuement une corde de violon en la frottant régulièrement avec un archet. Ou bien l'on peut amortir la note produite par un piano en laissant un bloc de feutre (un étouffoir) absorber son énergie. Les forces d'entraînement, comme le frottement de l'archet, peuvent avoir précisément la fréquence de l'oscillation principale de manière à renforcer celle-ci ou bien elles peuvent être déphasées. Si elles sont mal synchronisées, le système peut rapidement se conduire d'une manière très surprenante.

Bonnes vibrations

Tout comme un pendule, les circuits électriques peuvent osciller quand ils sont parcourus par des courants qui vont et viennent. De tels circuits peuvent produire des sons électroniques. Un des instruments électroniques les plus anciens est le « thérémine ». Il produit des notes éthérées qui montent et descendent et a été utilisé par les Beach Boys dans leur chanson « Good Vibrations ». Le thérémine se compose de deux antennes électriques et l'on en joue sans même le toucher, simplement en agitant les mains à proximité. L'instrumentiste contrôle la hauteur de la note avec une main et son volume avec l'autre, chacune de ses mains agissant comme un composant d'un circuit électrique. Le thérémine tient son nom de son inventeur, le physicien russe Léon Theremin, qui concevait des détecteurs de mouvement pour le gouvernement russe en 1919. Il le présenta à Lénine, qui fut impressionné, puis aux États-Unis dans les années 1920. Les thérémines furent commercialisés par Robert Moog qui développa par la suite un instrument qui devait révolutionner la musique pop : le synthétiseur.

C'est un tel renversement de comportement qui a scellé le destin d'un des ponts les plus longs des États-Unis, le pont de Tacoma Narrows, dans l'état de Washington. Ce pont suspendu s'est comporté comme une corde de guitare, qui vibre facilement à des fréquences spécifiques correspondant à sa longueur et son diamètre, et qui fait sonner sa note fondamentale mais aussi les harmoniques (les multiples) de cette note de base. Les ingénieurs essaient de concevoir des ponts dont les notes fondamentales sont très différentes des fréquences rencontrées dans les phénomènes habituels tels que les vibrations dues au vent, au passage des voitures ou à l'eau du fleuve. Néanmoins, en ce jour fatal, le travail des ingénieurs fut manifestement pris en défaut.

Le pont de Tacoma Narrows (connu des locaux sous le nom de « Galloping Gertie ») est long de 1,6 km et fait de lourdes poutrelles d'acier et de béton. Mais, un jour de novembre 1940, le vent souffla si fort qu'il déclencha des oscillations de torsion dans le tablier du pont, précisément à la fréquence de résonance de celui-ci, conduisant à des mouvements extrêmes et finalement à l'effondrement du pont. Il n'y eut heureusement aucune victime, exceptée une personne qui fut mordue par un chien terrorisé qu'elle essayait d'extraire d'une voiture avant que celle-ci ne tombât dans le vide. Depuis, les ingénieurs ont réglé le problème de torsion, mais encore aujourd'hui des ponts peuvent entrer en résonance sous l'action de forces imprévues.

Des vibrations qui sont amplifiées par un apport d'énergie extérieure peuvent rapidement devenir incontrôlables et totalement irrégulières. Elles peuvent même devenir chaotiques et ne plus suivre une période régulière ou prévisible. Le mouvement harmonique simple représente une stabilité sous-jacente, mais cette stabilité peut facilement être brisée.

idée clé
La science du balancé

07 La loi de Hooke

Établie à l'origine à partir des ressorts d'horlogerie, la loi de Hooke décrit la déformation des matériaux sous l'action de forces extérieures : les matériaux élastiques s'allongent proportionnellement à la force. Il est étrange que Robert Hooke, qui apporta de riches contributions autant à l'architecture qu'à la science, ne soit plus aujourd'hui connu que pour cette seule loi. Mais, à l'instar de son auteur, la loi de Hooke traverse les frontières disciplinaires et est utilisée autant en physique des matériaux qu'en ingénierie et dans la construction.

Quand vous lisez l'heure sur votre montre à cadran, c'est à Robert Hooke que vous le devez. Ce génie polyvalent britannique du XVIIIe siècle inventa non seulement les mécanismes horlogers à ressort, mais ce fut aussi lui qui construisit Bedlam et, en biologie, baptisa la cellule. Hooke était plus un expérimentateur qu'un mathématicien. Il mit sur pieds nombre de démonstrations scientifiques à la Royal Society de Londres et conçut maints mécanismes. En travaillant sur les ressorts, il découvrit la loi de Hooke, qui dit que l'allongement d'un ressort est proportionnel à la force exercée sur lui. Si vous tirez deux fois plus sur un ressort, il s'allongera deux fois plus.

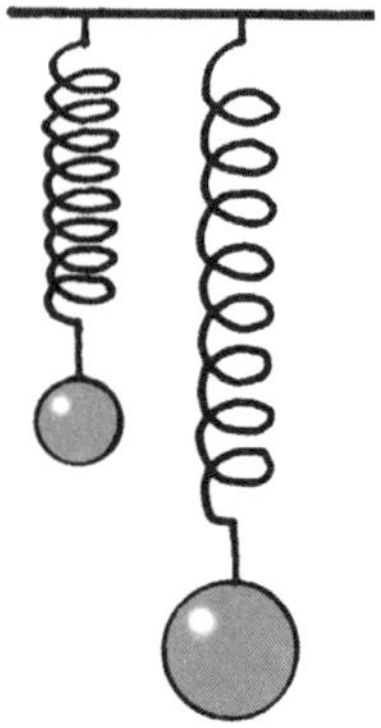

Élasticité Les matériaux qui obéissent à la loi de Hooke sont dits « élastiques ». Outre leur capacité à s'allonger, les matériaux élastiques ont la propriété de reprendre leur forme originale lorsque toute force disparaît – leur allongement est réversible. Les élastiques en caoutchouc et les ressorts métalliques se comportent ainsi, contrairement au chewing-gum, qui s'allonge quand on l'étire mais ne reprend pas sa forme initiale lorsque l'on arrête. Nombre de matériaux ont un comportement élastique dans une certaine gamme, généralement modeste, de forces, et, s'ils sont étirés au-delà de ces limites, ils peuvent rompre ou céder. D'autres matériaux sont trop rigides ou au contraire trop malléables pour pouvoir être considérés comme élastiques ; c'est le cas par exemple de la céramique ou de l'argile.

chronologie

1660 Hooke découvre sa loi de l'élasticité

1773 Harrison reçoit un prix pour sa mesure des longitudes

ROBERT HOOKE 1635–1703

Robert Hooke vient au monde sur l'Île de Wight, en Angleterre. Fils d'un vicaire, il étudie à Christ Church, Oxford et est l'assistant de Robert Boyle. En 1660, il découvre sa loi relative à l'élasticité et devient peu après responsable des expériences lors des assemblées de la Royal Society. Dans *Micrographia*, qu'il publie cinq ans plus tard, Hooke forge le terme de « cellule », en comparant les cellules végétales sous le microscope aux cellules des moines dans un couvent. En 1666, Hooke participe à la reconstruction de Londres après le Grand Incendie, collaborant avec Christopher Wren pour la construction de l'Observatoire royal de Greenwich et celle de l'Hôpital royal de Bethlem (connu sous le nom de « Bedlam »). Il meurt en 1703 et est enterré au cimetière de Bishopsgate à Londres. Au XIXe siècle, sa dépouille est transférée vers le nord de la ville ; on ignore aujourd'hui où elle se trouve. En février 2006, on a découvert un exemplaire, perdu de longue date, des notes prises par Hooke lors des réunions de la Royal Society, exemplaire conservé aujourd'hui à la Royal Society de Londres.

Selon la loi de Hooke, la force nécessaire pour étirer un matériau élastique d'une longueur donnée est toujours la même. Cette force caractéristique dépend de la raideur du matériau (ou constante d'élasticité). Un matériau dont la raideur est grande nécessitera une force importante pour être étiré. Des exemples de matériaux de grande raideur sont le diamant, le carbide de silicone et le tungstène. Les alliages d'aluminium, le bois sont des matériaux plus flexibles.

On dit d'un matériau subissant une élongation qu'il subit une déformation. La déformation est définie comme le pourcentage d'augmentation de longueur due à l'étirement. La force appliquée (par unité de surface) est appelée tension. La raideur est le rapport de la tension sur la déformation. De nombreux matériaux, dont l'acier, la fibre de carbone et même le verre, ont un module d'élasticité constant (pour de petites déformations), et suivent donc la loi de Hooke. Architectes et ingénieurs prennent en compte ces propriétés, lors de la construction d'un bâtiment, de manière à éviter que les structures ne s'allongent ou ne gondolent lorsqu'elles ont à supporter de lourdes charges.

1979

Le premier saut à l'élastique a lieu, à Bristol au Royaume Uni

Rebondir La loi de Hooke ne concerne pas que les ingénieurs. Des milliers de gens s'en remettent à elle chaque année lorsqu'ils s'essaient au saut à l'élastique en se jetant d'une plateforme en hauteur attachés à un élastique. La loi de Hooke permet au sauteur de connaître l'élongation de l'élastique sous l'influence de son poids. Il est déterminant de ne pas se tromper dans ce calcul et d'utiliser un élastique de la bonne longueur pour que la personne qui se jette la tête la première vers le fond d'une gorge rebondisse bel et bien avant de toucher le sol. Le saut à l'élastique en tant que sport fit son apparition à Bristol en 1979 quand des individus téméraires décidèrent de le pratiquer depuis le sommet du pont suspendu de Clifton. Ils s'inspiraient apparemment d'un reportage télévisé sur un test de bravoure des habitants du Vanuatu consistant à sauter dans le vide avec une liane de lierre nouée autour des chevilles. Les pionniers de Bristol furent arrêtés, mais ils continuèrent à sauter du haut des ponts et répandirent leur idée autour du monde jusqu'à ce qu'elle devienne une expérience commerciale.

Longitude Les voyageurs s'en remettent aussi d'une autre manière à la loi de Hooke : pour les aider à se repérer. S'il est facile de mesurer la latitude, du Nord au Sud, en observant la hauteur du Soleil ou des étoiles dans le ciel, il est bien plus difficile de déterminer la longitude, c'est-à-dire la position d'Est en Ouest. Au XVIIe et au début du XVIIIe siècle, la vie des marins était mise en péril par leur incapacité à identifier précisément leur position. Le gouvernement britannique offrit donc un prix de £ 20 000 (une somme considérable à l'époque) à qui saurait résoudre les problèmes techniques que posait la mesure des longitudes.

Le changement de fuseau horaire lorsqu'on voyage d'Est en Ouest autour du globe rend possible la mesure de la longitude en comparant l'heure locale en mer à celle d'un lieu connu, par exemple Greenwich à Londres. La longitude de Greenwich est de zéro degré car c'est précisément l'observatoire qui s'y trouve qui servait de point de repère : on parle du GMT ou *Greenwich Mean Time*. Tout cela est bien, mais comment connaître l'heure de Greenwich si vous vous trouvez au milieu de l'Atlantique ? De nos jours, si vous prenez un vol pour New York, vous pouvez emporter une montre réglée sur l'heure de Paris. Mais au début du XVIIIe, ce n'était pas chose facile. La technologie horlogère n'était pas aussi avancée et les horloges les plus précises comportaient des pendules rendus totalement inopérants par le roulis et le tangage d'un bateau. John Harrison, horloger britannique, inventa de nouveaux systèmes utilisant des poids oscillant sur des ressorts plutôt que des pendules se balançant. Mais lors des tests en mer, ceux-ci ne connurent pas le succès escompté. Un des problèmes rencontrés vient de ce que l'élasticité des ressorts varie avec la température, ce qui n'est pas très pratique pour des bateaux navigant des pôles aux tropiques.

> **« Si j'ai vu plus loin, c'est que j'étais debout sur les épaules de géants. »**
>
> **Isaac Newton, 1675**
> dans une lettre (peut-être sarcastique) à Hooke

Harrison imagina alors une solution novatrice. Il incorpora à son horloge un ruban bimétallique, fait de deux métaux différents. Les deux métaux, acier et bronze par exemple, s'allongent différemment sous l'effet de la chaleur, ce qui entraîne une torsion du ruban métallique. Incorporé au mécanisme de l'horloge, le ruban pouvait compenser les changements de température. La nouvelle horloge d'Harrison, baptisée chronomètre, remporta le prix et résolut le problème des longitudes.

Les quatre horloges expérimentales d'Harrison sont aujourd'hui conservées à l'observatoire de Greenwich, dans la banlieue de Londres. Les trois premières sont assez grosses, en bronze et présentent des mécanismes de balances à ressorts imbriquées. Elles sont finement ouvrées et magnifiques à regarder. La quatrième, celle qui fut primée, est bien plus compacte et ressemble simplement à une grosse montre à gousset. De telles horloges furent utilisées en mer pendant de nombreuses années, jusqu'à l'arrivée de l'horloge électronique à quartz.

Hooke Les prouesses de Hooke sont si nombreuses qu'on le surnomma le Léonard de Vinci de Londres. Acteur majeur de la révolution scientifique, il contribua à de nombreux domaines, de l'astronomie à la biologie en passant par l'architecture. Ses querelles avec Isaac Newton sont restées célèbres : ils développèrent une animosité considérable l'un envers l'autre. Newton fut très contrarié que Hooke refusât d'accepter sa théorie des couleurs et ne le crédita jamais pour l'idée de la loi en inverse carré de la théorie de la gravitation.

Il semble surprenant que malgré tous ces accomplissements Hooke ne soit pas plus connu : aucun portrait de lui n'a survécu et la loi de Hooke est une bien modeste manière de se souvenir d'un homme aussi novateur.

idée clé
L'élastique, c'est fantastique

08 La loi des gaz parfaits

La pression, le volume et la température d'un gaz sont reliés par la loi des gaz parfaits. Si l'on chauffe un gaz, il cherchera l'expansion ; si on le comprime, il se contentera de moins de place mais aura une pression plus élevée. La loi des gaz parfaits est familière aux voyageurs aériens qui frissonnent à l'idée de la fraîcheur de l'air à l'extérieur de l'avion, et aux alpinistes qui s'attendent à rencontrer une température et une pression plus faible lorsqu'ils gravissent un sommet. On raconte même que Charles Darwin tint rigueur à la loi des gaz parfaits de l'impossibilité de faire cuire ses pommes de terre alors qu'il campait en altitude dans les Andes.

Si vous avez jamais utilisé un autocuiseur alors vous avez utilisé la loi des gaz parfaits pour vous préparer à manger. Comment fonctionne un autocuiseur ? C'est une casserole scellée qui empêche l'évaporation pendant la cuisson. Puisqu'aucune vapeur ne peut s'échapper, toute l'eau liquide contenue à l'intérieur qui se vaporise conduit à une augmentation de pression. La pression peut devenir suffisamment forte pour empêcher toute vaporisation de l'eau liquide restante et pour permettre à la température de la soupe de dépasser la température normale d'ébullition de l'eau, 100 degrés Celsius. Ceci permet de cuire la nourriture plus vite, et de préserver les saveurs.

La loi des gaz parfaits s'écrit : $PV = nRT$ où P est la pression, V le volume, T la température, n le nombre de moles de gaz (1 mole contenant 6×10^{23} – le nombre d'Avogadro – atomes) et R un nombre appelé la constante des gaz parfaits.

La loi des gaz parfaits, énoncée pour la première fois au XIXe siècle par le physicien français Émile Clapeyron, nous dit que la pression, la température et le volume d'un gaz sont liés. La pression augmente si le volume est réduit ou la température augmentée. Imaginez une boîte remplie d'air : si vous divisez le volume de la boîte par deux, la pression double. Si vous chauffez la boîte de départ de manière à multiplier par deux sa température, la pression double également.

chronologie

vers 350 av. J.-C.

Aristote énonce que « la Nature a horreur du vide »

1650

Otto von Guericke construit la première pompe à vide

Pour obtenir la loi des gaz parfaits, Clapeyron combina deux lois obtenues précédemment, l'une par Robert Boyle, l'autre par Jacques Charles et Joseph Louis Gay-Lussac. Boyle avait identifié des liens entre pression et volume ; Charles et Gay-Lussac entre volume et température. Clapeyron unifia les trois grandeurs en considérant une quantité de gaz appelée « mole », terme correspondant à un certain nombre d'atomes ou de molécules, précisément 6×10^{23} (c'est-à-dire 6 suivi de 23 zéros), ce qu'on appelle le nombre d'Avogadro. Bien que ceci puisse paraître une quantité considérable d'atomes contenus c'est en fait plus ou moins le nombre d'atomes dans la mine d'un crayon de papier. La mole est en effet définie comme étant le nombre d'atomes de carbone-12 contenus dans 12 grammes de carbone. Autre manière de voir les choses : des pamplemousses en quantité égale au nombre d'Avogadro occuperaient tout le volume de la Terre.

« Il y a un symbolisme rassurant dans le fait que les drapeaux ne flottent pas dans le vide. »

Arthur C. Clarke, né en 1917

Le gaz parfait Qu'est-ce qu'un gaz parfait ? Dit de manière simple, un gaz parfait est un gaz qui obéit à la loi des gaz parfaits. S'il se comporte ainsi, c'est que les atomes ou les molécules qui le constituent sont très petits comparés aux distances qui les séparent, de sorte que lorsqu'ils s'entrechoquent, tout se passe proprement et simplement. Il n'y a pas non plus de forces supplémentaires entre les particules, comme des forces électriques qui pourraient les conduire à se coller les unes aux autres.

Les gaz « nobles », tels le néon, l'argon et le xénon se comportent comme des gaz parfaits constitués d'atomes individuels (plutôt que de molécules). Les molécules légères et symétriques de l'hydrogène, de l'azote et de l'oxygène se comportent presque comme celles d'un gaz parfait, mais ce n'est pas le cas de molécules gazeuses plus lourdes, comme celles du butane.

Les gaz ont des densités très faibles et les atomes ou les molécules qui les constituent ne sont pas soudés les uns aux autres mais sont au contraire libres de se promener ici et là. Dans un gaz parfait, les atomes se comportent tout simplement comme des milliers de balles de caoutchouc lancées sur un court de squash, rebondissant les unes sur les autres et sur les parois du contenant. Les gaz n'ont pas de frontière mais ils peuvent être enfermés dans un contenant qui définit un certain volume. En diminuant la taille de ce contenant, on pousse les molécules plus près les unes des autres et, en vertu de la loi des gaz parfaits, la pression et la température augmentent.

1662	1672	1802	1834
La loi de Boyle est établie (PV = constante)	Papin invente sa marmite	Loi de Charles/Gay-Lussac (V/T = constante)	Clapeyron énonce la loi des gaz parfaits

Dans un gaz parfait, la pression vient des forces exercées par les atomes et les molécules qui s'entrechoquent et heurtent les parois du contenant. D'après la troisième loi de Newton (cf. page 10), des particules rebondissant sur une paroi exercent sur celle-ci une force égale et opposée. Les collisions avec la paroi sont élastiques, les particules rebondissent donc sans perdre d'énergie et sans adhérence, mais elles transfèrent une certaine quantité de mouvement à la boîte, c'est ce que l'on appelle la pression. La quantité de mouvement tendrait à faire avancer la paroi, mais celle-ci est assez forte pour résister à tout mouvement et, par ailleurs, les forces s'exercent dans de nombreuses directions différentes.

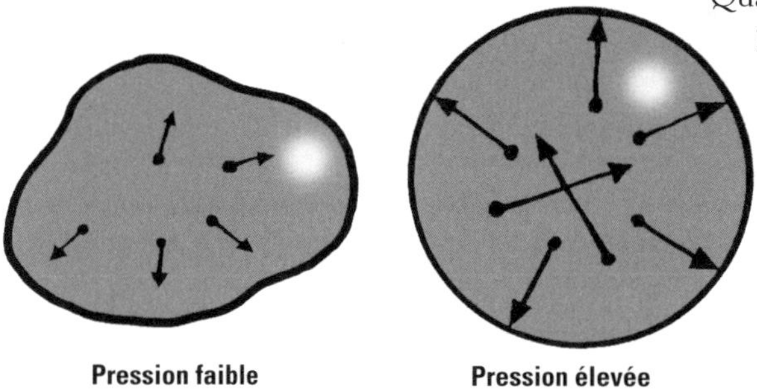

Quand la température monte, les vitesses des particules augmentent, et donc les forces sur les parois de la boîte deviennent encore plus grandes. La chaleur transmise aux molécules accroît leur énergie cinétique et les fait se mouvoir plus rapidement. Lorsqu'elles viennent heurter les parois elles ont donc une plus grande quantité de mouvement, ce qui augmente la pression.

Réduire le volume conduit à une augmentation de la densité du gaz si bien que le nombre de collisions avec les parois et donc la pression augmentent. La température monte également car, l'énergie étant conservée, les molécules se déplacent d'autant plus vite qu'elles sont dans un espace plus confiné.

Certains gaz réels n'obéissent pas exactement à la loi des gaz parfaits. En particulier, dans les gaz composés de molécules grosses ou complexes, des forces supplémentaires apparaissent entre celles-ci, pouvant les conduire à s'agréger plus fréquemment que les molécules d'un gaz parfait. Des forces d'attraction de ce type peuvent apparaître du fait des charges électriques présentes dans les atomes qui composent les molécules et sont d'autant plus présentes que le gaz est fortement comprimé ou qu'il est froid et que ses molécules se déplacent plus lentement. Les molécules très collantes comme les protéines ou les lipides ne connaissent même jamais l'état gazeux.

Pression et altitude Sur Terre, lorsqu'on gravit une montagne, la pression atmosphérique diminue, elle est moindre qu'au niveau de la mer pour la simple raison que l'atmosphère y est moins épaisse. Aussi, lorsque l'on est dans un avion, la température extérieure chute nettement en dessous de zéro. Voilà une illustration de la loi des gaz parfaits.

En altitude, en raison de la moindre pression atmosphérique, l'eau bout à une température bien plus basse qu'au niveau de la mer. Il devient alors difficile de cuire la nourriture et les alpinistes utilisent souvent des autocuiseurs. Charles Darwin se plaignit d'ailleurs de ne pas en avoir un sous la main lors de son voyage dans les Andes en 1835 ; il avait eu connaissance du « Digesteur » inventé par le physicien Denis Papin vers la fin du XVIIe siècle.

Comme l'écrivit Darwin dans son *Voyage d'un naturaliste autour du monde* :

« Par suite de l'élévation à laquelle nous nous trouvons, la pression de l'atmosphère est beaucoup moindre et l'eau bout à une température nécessairement plus basse ; c'est exactement l'inverse de ce qui se passe dans la marmite de Papin. Aussi des pommes de terre que nous laissons plusieurs heures dans l'eau bouillante, en sortent-elles aussi dures qu'elles l'étaient quand nous les y avons plongées. La marmite est restée toute la nuit sur le feu ; le matin, on la fait bouillir encore, et les pommes de terre ne cuisent pas. Je m'en aperçois en entendant mes deux compagnons discuter la cause de ce phénomène ; ils avaient d'ailleurs trouvé une explication fort simple : "Cette abominable marmite, disaient-ils (c'était une marmite neuve), ne veut pas faire cuire les pommes de terre." »

Le vide Si vous pouviez vous envoler au-dessus des montagnes et atteindre le sommet de l'atmosphère, voire aller jusque dans l'espace, la pression deviendrait quasi nulle. Le vide parfait ne contient aucun atome, mais il n'existe nulle part dans l'Univers. Même dans l'espace intergalactique il existe quelques atomes ça et là, quelques atomes d'hydrogène par centimètre cube. Les philosophes grecs Platon et Aristote ne croyaient pas qu'un vide parfait pût exister, puisque « rien » ne pouvait pas exister.

Aujourd'hui, les concepts de la mécanique quantique ont balayé l'idée que le vide pût vraiment exister en suggérant qu'il bouillonne de particules subatomiques qui apparaissent et disparaissent. En cosmologie, il semble même que l'espace puisse présenter une pression négative qui se manifeste sous la forme d'énergie sombre accélérant l'expansion de l'Univers. Il semble que la Nature ait vraiment horreur du vide.

idée clé
la physique de l'autocuiseur

09 Le second principe de la thermodynamique

Le second principe est un des piliers de la thermodynamique. Il dit que la chaleur va des corps chauds vers les corps froids, et pas dans l'autre sens. La chaleur étant une mesure du désordre, ou entropie, une autre manière d'exprimer le même concept est de dire que l'entropie d'un système isolé augmente toujours. Le second principe est lié au passage du temps, à la succession des événements et à la destinée de l'univers.

Quand vous versez du café bouillant dans un verre contenant de la glace, celle-ci se réchauffe et fond et le café se refroidit. Vous êtes-vous jamais demandé pourquoi au contraire la différence de température ne devient-elle pas plus grande ? Le café pourrait extraire de la glace un peu de chaleur, se réchauffer et rendre la glace encore plus froide. Notre expérience nous dit que cela n'arrive pas, mais pourquoi est-ce ainsi ?

C'est cette tendance qu'ont un corps chaud et un corps froid à échanger de la chaleur et à évoluer vers une température commune qu'exprime le second principe. Il dit que, globalement, la chaleur ne peut aller d'un corps froid vers un corps chaud.

Alors comment fonctionnent les réfrigérateurs ? Comment pouvons-nous rafraîchir un verre d'orangeade si nous ne pouvons transférer sa chaleur à quelque chose d'autre ? Le second principe ne nous autorise à le faire que dans des circonstances spécifiques. Une caractéristique secondaire des réfrigérateurs, en marge de leur travail de réfrigération, est la production d'une grande quantité de chaleur, comme vous pouvez le constater en mettant votre main à l'arrière d'un de ces appareils. Puisqu'ils libèrent de la chaleur, ils ne violent pas le second principe si l'on prend en compte l'énergie totale du réfrigérateur et de son environnement.

chronologie

1150
Bhaskara propose une roue perpétuelle

1824
Sadi Carnot établit les fondements de la thermodynamique

L'entropie La chaleur est véritablement une mesure du désordre et, en physique, le désordre est souvent quantifié sous la forme d'« entropie », celle-ci représentant les différentes configurations que peuvent adopter un nombre d'éléments donnés. Une poignée de spaghetti crus, rassemblés et alignés, possède une faible entropie car ils présentent un haut degré d'ordre. Une fois jetés dans une casserole d'eau bouillante et emmêlés, le désordre est plus grand et l'entropie aussi. De même, des soldats de plomb en rangs présentent une plus faible entropie que s'ils jonchent le sol.

> **« Tout comme la hausse constante de l'entropie est une loi fondamentale de l'Univers, c'est une loi fondamentale de la vie que d'être toujours plus structurée et de lutter contre l'entropie. »**
>
> **Václav Havel, 1977**

Quel rapport avec les réfrigérateurs ? Une autre manière d'énoncer le second principe est de dire que, pour un système fermé, l'entropie augmente toujours. Elle ne décroît jamais. La température est directement liée à l'entropie et les corps froids ont une entropie faible. Leurs atomes sont moins désordonnés que ceux des corps chauds qui gigotent plus. Donc toute modification de l'entropie d'un système, toutes ses parties étant prises en compte, doit produire une augmentation nette.

Dans le cas du réfrigérateur, refroidir le jus d'orange diminue son entropie, mais l'air chaud produit par l'appareil électroménager vient compenser cela. En fait, l'augmentation d'entropie de l'air chaud dépasse la diminution due au refroidissement et, si l'on considère le système dans son ensemble, le réfrigérateur et son environnement, alors le second principe demeure vrai. Une autre manière de formuler le second principe est de dire que l'entropie augmente toujours.

Le second principe vaut pour un système fermé, dans lequel il n'y a aucun apport extérieur ni aucune fuite d'énergie vers l'extérieur, L'énergie à l'intérieur du système se conserve. L'Univers est lui-même un système fermé, puisque rien n'existe en dehors de lui, par définition. Et donc, pour l'Univers dans son ensemble, l'énergie est conservée et l'entropie doit toujours augmenter. Il peut y avoir une légère diminution d'entropie dans de petites régions, par refroidissement par exemple, mais celle-ci doit être compensée, exactement comme dans le cas d'un réfrigérateur, par un réchauffement d'autres régions et une création plus importante d'entropie si bien que la somme totale augmente.

1850
Rudolf Clausius définit l'entropie et énonce le second principe

1860
Maxwell postule l'existence de son démon

2007
Leigh propose une « machine démoniaque »

L'Univers démodé ?

Les astronomes ont récemment essayé de calculer la couleur moyenne de l'univers, en additionnant toute la lumière stellaire qu'il contient. Leur résultat n'est ni jaune soleil ni rose ou bleu clair, mais d'un beige assez déprimant. Dans des milliards d'années, quand l'entropie l'aura finalement emporté sur la gravité, l'univers sera devenu un océan uniformément beige.

À quoi ressemble une augmentation de l'entropie ? Si vous versez du chocolat liquide dans un verre de lait, l'entropie est initialement faible : lait et chocolat demeurent dans des phases blanche et marron distinctes. Vous augmentez le désordre en mélangeant votre boisson, et le désordre maximal est atteint lorsque chocolat et lait sont complètement fondus en une boisson couleur caramel.

En revenant à l'univers tout entier, le second principe implique de même que les atomes y deviennent de plus en plus désordonnés au fil du temps. Tout amalgame de matière se dispersera petit à petit jusqu'à ce que ses atomes jonchent l'univers. La destinée finale de celui-ci, qui nous apparaît aujourd'hui comme une tapisserie multicolore d'étoiles et de galaxies, est donc de devenir un morne et gris océan d'atomes mélangés. Lorsque l'expansion de l'univers aura atteint un point tel que les galaxies seront déchirées et la matière dispersée, tout ce qui demeurera sera une soupe de particules. Cet état final, supposant que l'expansion de l'univers se poursuive, est appelé « mort par chaleur ».

Le mouvement perpétuel La chaleur étant une forme d'énergie, on peut la faire travailler. Un engin à vapeur convertit de la chaleur en mouvement mécanique au niveau d'un piston ou d'une turbine, qui peut être utilisé pour produire de l'électricité. L'essentiel de la thermodynamique fut développé au XIXe siècle, à partir de l'ingénierie des machines à vapeur plutôt que d'un raisonnement théorique. Une autre conséquence du second principe est que les machines à vapeur, et les autres moteurs fonctionnant à partir d'énergie thermique, ne sont pas parfaits. Dans tout processus transformant de la chaleur en une autre forme d'énergie, il y a une petite perte d'énergie, si bien que l'entropie du système dans son ensemble augmente.

Depuis le Moyen-Âge, les savants rêvaient de mouvement perpétuel, d'une machine qui ne perdrait pas d'énergie et pourrait ainsi fonctionner à jamais. Le second principe de la thermodynamique vint doucher leurs espoirs, mais avant qu'il ne fût connu, nombreux sont ceux qui établir les plans de possibles machines perpétuelles. Robert Boyle imagina une tasse se vidant et se remplissant toute seule et le mathématicien indien Bhaskara imagina une roue entraînant sa propre rotation par le biais de poids tombant le long de ses rayons. En fait, ces deux machines perdent de l'énergie. Mais ces idées étaient si répandues que dès le XVIIIe siècle, le mouvement perpétuel avait acquis une mauvaise réputation : l'Académie française des sciences et l'Office américain des brevets interdirent tous deux les dossiers et considérations relatifs au mouvement perpétuel. Il demeure aujourd'hui l'apanage d'inventeurs excentriques.

Le démon de Maxwell Une des tentatives les plus controversées pour violer le second principe fut proposée sous la forme d'une expérience de pensée par le physicien écossais James Clerk Maxwell dans les années 1860. Imaginez deux boîtes contenant du gaz, côte à côte, toutes deux à la même température. Un petit trou est ménagé entre les boîtes, si bien que les particules de gaz peuvent passer d'une boîte à l'autre. Si l'un des côtés était plus chaud que l'autre, les particules traverseraient et les températures s'égaliseraient peu à peu. Maxwell imagina un petit démon, un diable microscopique qui attraperait les molécules les plus rapides d'une boîte et les pousserait dans la seconde. De cette manière, la vitesse moyenne des molécules dans la deuxième boîte augmenterait, aux dépens de la première. Maxwell postula donc que l'on pouvait transférer de la chaleur de la boîte la plus froide vers la plus chaude. Ne tiendrait-on pas là une violation du second principe de la thermodynamique ? De la chaleur pourrait-elle être transférée vers le corps le plus chaud en choisissant les bonnes molécules ?

Une autre manière de voir les principes de la thermodynamique :

Premier principe
Vous ne pouvez pas gagner (cf. La conservation de l'énergie, page 20)

Second principe
Vous ne pouvez que perdre (cf. page 36)

Troisième principe
Vous ne pouvez pas quitter la partie (cf. Le zéro absolu, page 40)

Parvenir à expliquer pourquoi l'expérience du démon de Maxwell ne peut pas fonctionner a depuis tracassé les physiciens. Beaucoup ont avancé que la mesure des vitesses des particules ainsi que la fermeture et l'ouverture de la trappe nécessiteraient du travail et donc de l'énergie, et qu'ainsi l'entropie totale du système ne diminuerait pas. C'est avec les travaux à l'échelle nanométrique de David Leigh que l'on s'est le plus approché d'une « machine diabolique ». Sa création est en effet capable de séparer les molécules rapides des molécules lentes, mais elle requiert une source extérieure d'énergie. Parce qu'aucun mécanisme ne pourrait déplacer des particules sans apport d'énergie, les physiciens ne sont pas à ce jour parvenus à violer le second principe : il tient bon.

idée clé
Le désordre règne

10 Le zéro absolu

Le zéro absolu est le point imaginaire auquel une substance est si froide que ses atomes cessent de bouger. Le zéro absolu n'a jamais été atteint, ni dans la nature, ni dans les laboratoires, mais les scientifiques l'ont approché de très près. Il se peut qu'il soit impossible d'atteindre le zéro absolu, et d'ailleurs, même si nous y parvenions, il se pourrait bien que nous ne le sachions pas : aucun thermomètre ne pourrait le mesurer.

Lorsque nous mesurons la température de quelque chose, c'est l'énergie interne moyenne des particules qui le constituent que nous mesurons. La température indique à quelle vitesse les particules oscillent ou se promènent. Dans un liquide ou dans un gaz, les molécules sont libres de se déplacer dans toutes les directions et elles entrent fréquemment en collision les unes avec les autres, La température est donc reliée à la vitesse moyenne des particules. Dans un solide, les atomes s'ancrent dans la structure d'un réseau, comme des Meccano assemblés via des liaisons covalentes. Quand on chauffe le solide, les atomes deviennent plus énergiques et s'agitent beaucoup autour de leurs emplacements respectifs.

Lorsque l'on refroidit un matériau, l'agitation de ses atomes diminue : dans un gaz, leurs vitesses chutent ; dans un solide, leurs oscillations s'amoindrissent. À mesure que la température baisse, les atomes bougent de moins en moins. Si elle était suffisamment refroidie, une substance pourrait devenir si froide que ses atomes cesseraient complètement de bouger. C'est ce point mort hypothétique que l'on appelle le zéro absolu.

L'échelle de Kelvin L'idée du zéro absolu apparut dès le XVIIIe siècle, en extrapolant une courbe de température et d'énergie jusqu'à zéro. L'énergie augmente régulièrement avec la température et la droite reliant les deux quantités peut être prolongée vers l'arrière pour trouver le point où l'énergie atteint zéro : – 273,15 degrés Celsius.

chronologie

1702 Guillaume Amontons avance l'idée d'un zéro absolu

1777 Lambert propose une échelle absolue de températures

1802 Gay-Lussac identifie le zéro absolu à – 273 degrés Celsius

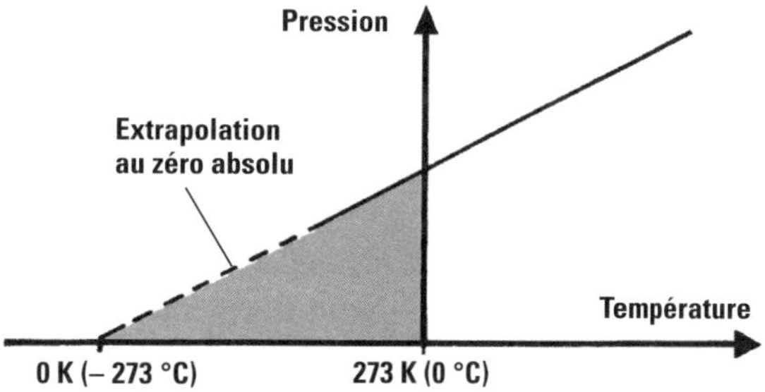

Au début du XIXe siècle, Lord Kelvin proposa une nouvelle échelle de température prenant le zéro absolu comme origine. Concrètement, l'échelle de Kelvin est une translation de celle de Celsius. Ainsi, au lieu de geler à 0 degré Celsius, l'eau gèle à 273 kelvins et bout à 373 kelvins (qui équivalent à 100 degrés Celsius). Les marges supérieures de cette échelle sont fixées, tout comme le point triple de l'eau, c'est-à-dire la température où (à une pression donnée) eau liquide, vapeur et glace coexistent : 273,16 kelvins ou 0,01° Celsius à basse pression (inférieure à 1 % de la pression atmosphérique). De nos jours, la plupart des scientifiques utilisent les kelvins pour mesurer la température.

Le grand froid Quelle sensation de froid donne le zéro absolu ? Nous savons quelle sensation donne une température extérieure proche de zéro : le souffle se glace et les doigts perdent leur sensibilité. C'est assez froid comme cela ! Certaines régions d'Amérique du Nord ou de Sibérie peuvent connaître des températures de 10 ou 20 degrés en dessous de zéro, et il peut faire jusqu'à - 70 degrés Celsius au Pôle Sud. La température la plus froide enregistrée sur Terre est un frisquet – 89 degrés Celsius, soit 184 kelvins, relevés à Vostok au cœur de l'Antarctique en 1983.

La température chute également si vous gravissez une montagne ou voyagez en altitude à bord d'un aéronef. Si vous poursuivez plus haut, jusque dans l'espace, il fait encore plus froid. Mais même dans les étendues les plus vides et les plus profondes de l'espace, les atomes les plus froids ont une température de quelques degrés au-dessus du zéro absolu. L'endroit le plus froid jamais observé dans l'Univers se situe à l'intérieur de la Nébuleuse du Boumerang, un nuage de gaz sombre dont la température est seulement d'un degré au-dessus du zéro absolu.

« Comme j'aime que mes eskimos soient au zéro absolu, j'utilise l'échelle kelvin plus que la moyenne des Américains. Je trouve que les desserts ne sont délicieux que s'ils ne font montre d'absolument aucun mouvement moléculaire. »

Chuck Klosterman, 2004

1848
Définition de l'échelle Kelvin

1900
Kelvin donne sa conférence des « deux nuages »

1930
Des mesures expérimentales fixent plus précisément le zéro absolu

1954
Définition officielle du zéro absolu à – 273,15 degrés Celsius

En dehors de cette nébuleuse, à travers les vastes étendues vides de l'Univers, la température est un relativement agréable 2.7 kelvins. La tiédeur de ce bain est due au rayonnement micro-onde du fond cosmique, la chaleur résiduelle du Big Bang, qui baigne tous l'espace (cf. page 182). Pour qu'elle soit plus froide, il faudrait qu'une région soit à l'abri de ce rayonnement et que ses atomes perdent toute chaleur résiduelle ; il est donc quasiment inconcevable qu'une région de l'espace atteigne le zéro absolu.

Froid au cœur On a pu temporairement atteindre des températures encore plus froides dans les laboratoires où les physiciens essaient de s'approcher du zéro absolu pour de courtes durées. Ils s'en sont approchés bien plus près que dans l'espace intergalactique.

Nombre de liquides réfrigérants sont utilisés dans les laboratoires, mais ils sont plus chauds que le zéro absolu. Il est possible de refroidir de l'azote jusqu'à ce qu'il se liquéfie, à 77 kelvins. L'azote liquide est facile à transporter en bouteille et est utilisé dans les hôpitaux pour la conservation des échantillons biologiques, y compris les embryons congelés et le sperme ; il est aussi utilisé dans l'électronique de pointe. Refroidi par plongement dans de l'azote liquide, un œillet devient si fragile qu'il se brise comme de la porcelaine si on le jette par terre.

L'hélium liquide est encore plus froid, à seulement 4 kelvins, mais reste bien au-dessus du zéro absolu. En mélangeant deux types d'hélium, l'hélium-3 et l'hélium-4, on peut atteindre quelques millièmes de kelvin.

Pour descendre à des températures encore plus basses, il faut aux physiciens des technologies toujours plus fines. En 1994, au NIST (American National Institute for Standards and Technology) à Boulder dans le Colorado, des chercheurs sont parvenus, en utilisant des lasers, à refroidir des atomes de césium jusqu'à une température inférieure à 700 milliardièmes de kelvin. Neuf ans plus tard, au MIT, c'est la barrière des 0,5 milliardième de kelvin qui a été atteinte.

Le zéro absolu est véritablement une idée abstraite. Il n'a jamais été atteint en laboratoire ni même mesuré dans la nature. Alors qu'ils essaient de s'en approcher toujours plus près, les scientifiques doivent accepter l'idée que l'on ne pourra en fait peut-être jamais l'atteindre avec certitude.

« Durant la première moitié de sa carrière, Thomson semblait incapable d'avoir tort ; durant la seconde moitié, il semble qu'il fût incapable d'avoir raison. »

C. Watson, 1969
(biographe de Lord Kelvin)

LORD KELVIN 1824–1907

Le physicien britannique Lord Kelvin, né William Thomson, étudia de nombreux problèmes d'électricité et de chaleur, même s'il est plus connu pour son aide dans la construction du premier câble transatlantique sous-marin dédié aux communications télégraphiques. Thomson publia plus de 600 articles et fut élu Président de la prestigieuse Royal Society de Londres. C'était un physicien conservateur, qui n'accepta jamais l'existence des atomes, s'opposa aux théories de Darwin sur l'évolution et à celles sur les âges de la Terre et du Soleil ; ce qui le plaça du côté des perdants dans de nombreux débats. Thomson fut nommé Baron Kelvin de Largs, d'après la rivière Kelvin qui traverse le campus de l'université de Glasgow et d'après Largs, sa ville d'origine sur la côte écossaise. En 1900, Lord Kelvin donna à l'Institut Royal de Grande Bretagne une conférence devenue célèbre, dans laquelle il se plaignait de ce que « la beauté et la clarté de la théorie » fussent assombries par « deux nuages », à savoir les problèmes rencontrés à l'époque dans la théorie du rayonnement du corps noir et l'échec des tentatives de détection d'un « éther », milieu gazeux dans lequel la lumière était supposée se mouvoir. Ce furent la relativité et la théorie quantique qui vinrent par la suite apporter des solutions aux deux problèmes que Kelvin avait mis en avant, lui-même s'y étant attaqué avec la physique newtonienne de l'époque.

Pourquoi en serait-il ainsi ? Premièrement parce que tout thermomètre qui ne serait pas lui-même au zéro absolu apporterait de la chaleur et ruinerait les efforts des expérimentateurs. Deuxièmement parce qu'il est simplement difficile de mesurer la température à des énergies aussi faibles, où d'autres effets comme la superconductivité ou la mécanique quantique entrent en jeu et affectent le mouvement et l'état des atomes. Ainsi nous ne pourrons jamais être sûrs d'avoir atteint le zéro absolu ; peut-être même n'y a-t-il rien à atteindre.

idée clé
Le grand froid

11 Le mouvement brownien

Le mouvement brownien décrit les soubresauts de petites particules dus aux collisions avec les molécules invisibles de l'eau ou d'un gaz. Le botaniste Robert Brown fut le premier à le remarquer, sur des grains de pollen en suspension dans l'eau, mais c'est Albert Einstein qui sut le décrire mathématiquement. Le mouvement brownien permet d'expliquer la diffusion de la pollution dans l'air ou dans l'eau, et de décrire nombre de processus aléatoires, des inondations aux marchés financiers. Ses pas imprévisibles ont aussi à voir avec les fractales.

Le botaniste Robert Brown, au XIXe siècle, remarqua que les grains de pollen qu'il observait au microscope ne se tenaient pas tranquilles : ils sautillaient en tous sens. Pendant un temps, il alla jusqu'à se demander s'ils n'étaient pas vivants. Ce n'est clairement pas le cas ; ils étaient en fait constamment percutés par les molécules de l'eau que Brown avait utilisée pour enduire les lames de verre de son microscope. Les grains de pollen se déplaçaient dans des directions aléatoires, tantôt peu, tantôt beaucoup, et traversaient petit à petit la lame suivant des trajectoires que l'on ne pouvait prédire. D'autres scientifiques se penchèrent sur la découverte de Brown, à laquelle on donna son nom.

Marche aléatoire Le mouvement brownien vient de l'impact reçu par un petit grain de pollen à chaque fois qu'une molécule d'eau le percute. Les molécules d'eau, invisibles, bougent tout autour, entrent sans cesse en collision les unes avec les autres, et percutent régulièrement le grain de pollen. Même si celui-ci est des centaines de fois plus gros qu'une molécule d'eau, le fait qu'il soit à chaque instant percuté par de très nombreuses molécules d'eau, chacune se déplaçant dans une direction aléatoire, induit une légère dissymétrie qui conduit à un petit mouvement dans une direction ou une autre. Ceci se reproduit continuellement et le grain suit donc une trajectoire erratique et accidentée, un peu comme un ivrogne. La trajectoire du grain de pollen ne peut être prédite car les collisions des molécules d'eau sont aléatoires et peuvent causer un mouvement dans n'importe quelle direction.

chronologie

vers 420 av. J.-C.
Démocrite postule l'existence de l'atome

1827
Brown observe le mouvement des grains de pollen dans l'eau et propose un mécanisme pour l'expliquer

Toute particule en suspension dans un liquide ou un gaz présente un mouvement brownien. C'est le cas aussi de particules assez grosses, comme celles de la fumée, que l'on peut voir à travers une loupe. L'intensité des impacts sur la particule dépend de la quantité de mouvement des molécules et donc le chahut de la trajectoire est d'autant plus grand que les molécules du gaz ou du liquide sont lourdes, et/ou qu'elles se déplacent vite, par exemple lorsque le fluide est chaud.

On chercha durant la fin du XIXe siècle à mettre en équation le mouvement brownien mais ce fut Einstein qui attira l'attention des physiciens sur ce point dans son article de 1905, l'année même où il publia sa théorie de la relativité restreinte et une explication de l'effet photoélectrique qui lui valut le Prix Nobel. Einstein emprunta à la théorie de la chaleur, elle aussi basée sur les collisions moléculaires, pour expliquer avec succès le mouvement observé par Brown. En voyant que le mouvement brownien fournissait un élément de preuve en faveur de l'existence des molécules dans les fluides, les physiciens durent admettre la théorie atomiste, qui était encore mise en doute à l'époque.

La diffusion Au fil du temps, le mouvement brownien peut conduire des particules à parcourir des distances non négligeables, bien que moins grandes que si leur trajectoire avait été libre et rectiligne, le caractère aléatoire du mouvement signifiant qu'une particule a autant de chances de revenir sur ses pas que de poursuivre sa route. Mais si un groupe de particules était lâché en un point d'un liquide, elles se diffuseraient à partir de ce point quand bien même personne ni aucun courant ne viendrait mélanger le liquide. Chaque particule errerait suivant sa propre trajectoire, conduisant la goutte initiale à se transformer en nuage de diffusion. Ce phénomène de diffusion est important pour comprendre l'étendue d'une pollution à partir d'un point source, par exemple la diffusion des aérosols dans l'atmosphère : même en l'absence de vent, tous les produits chimiques se diffuseront du fait du seul mouvement brownien.

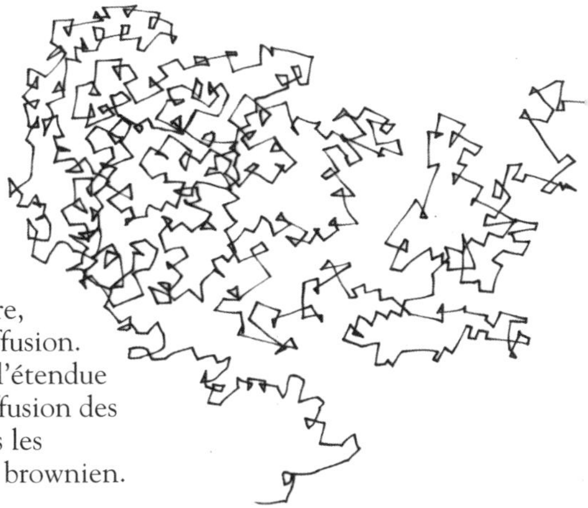

La « marche aléatoire » du mouvement brownien

1905 Einstein met le mouvement brownien en équation

Années 1960 Mandelbrot découvre les fractales

Les fractales La trajectoire suivie par une particule effectuant un mouvement brownien constitue un exemple de fractale. Chaque pas peut être de n'importe quelle taille et dans n'importe quelle direction, mais un motif global émerge. Ce motif présente une même structure à toutes les échelles, des modulations les plus fines imaginables à d'autres assez grandes. C'est la caractéristique d'une fractale.

Les fractales ont été définies par Benoît Mandelbrot dans les années 1960 et 1970 pour quantifier les formes autosimilaires. Ce sont des figures qui ont essentiellement la même apparence à toutes les échelles. Si l'on fait un zoom sur une petite partie de la figure, l'image n'est pas différente de celle à l'échelle précédente et on ne peut donc pas déterminer le grossissement en regardant l'image. Ces motifs répétitifs et dénués d'échelle sont fréquents dans la nature : ligne côtière, branches d'arbre, frondaisons d'une fougère, symétrie hexagonale d'un flocon de neige…

Les dimensions fractionnelles apparaissent lorsque la longueur ou la dimension dépend de l'échelle à laquelle on se place. Si la distance entre deux villes côtières est de trente kilomètres, il se peut bien que l'on ait besoin d'une corde de cent kilomètres pour la mesurer en contournant chacun des rochers individuellement. Et si l'on mesurait en faisant le tour de chaque grain de sable, il faudrait peut-être des centaines de kilomètres de corde. La longueur dépend donc ici de l'échelle à laquelle on la mesure. Si l'on brouille tous les détails en dessous d'un certain niveau, on peut retrouver les trente kilomètres habituels. En ce sens, les dimensions fractales mesurent la « rugosité » d'un objet, qu'il s'agisse d'un nuage, d'un arbre ou d'une chaîne de montagne. Nombre de ces formes fractales peuvent être générées par une succession de pas aléatoires, d'où leur lien avec le mouvement brownien.

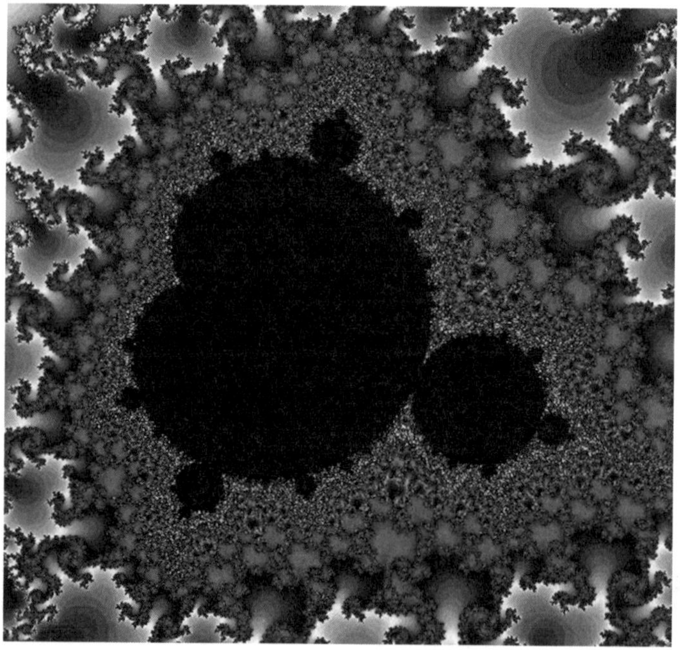

Les mathématiques du mouvement brownien, ou d'une suite de mouvements aléatoires, peuvent être utilisées pour générer des motifs fractals. Elles peuvent aussi être utilisées pour créer des paysages virtuels accidentés, montagnes, nuages et arbres, que ce soit pour les jeux vidéos ou pour un programme de cartographie spatiale permettant d'aider un robot à se déplacer en terrain accidenté grâce à une modélisation de chaque crevasse et chaque rebord. Les médecins également les trouvent utiles pour analyser la structure des parties complexes du corps, comme les poumons, dont les embranchements se répliquent à toutes les échelles.

Les concepts du mouvement brownien sont aussi utiles pour prévoir les risques et les événements qui résultent de la somme de plusieurs événements aléatoires, comme les inondations ou les fluctuations des marchés financiers. La bourse peut être analysée comme un ensemble de valeurs dont les cours varient de manière aléatoire, à l'instar des trajectoires browniennes d'un ensemble de molécules. Le mouvement brownien apparaît également dans la modélisation d'autres processus sociaux, tels que ceux de la production ou de la prise de décision. L'influence des soubresauts aléatoires du mouvement brownien est vaste et revêt de nombreux aspects : ses apparitions ne se limitent pas au ballet des feuilles de thé dans une tasse.

idée clé
Un ballet microscopique invisible

12 La théorie du chaos

La théorie du chaos a pour point de départ le fait que de minuscules modifications des conditions initiales peuvent avoir des conséquences d'importance ultérieurement. Si vous partez de chez vous avec 30 secondes de retard, vous raterez tout juste votre bus mais vous rencontrerez peut-être quelqu'un qui vous aiguillera vers un nouveau métier, changeant votre vie pour toujours. Il est bien connu que la théorie du chaos s'applique au temps qu'il fait, et qu'un petit vent tourbillonnant ici peut entraîner un ouragan de l'autre côté de la planète, ce que l'on appelle « l'effet papillon ». Néanmoins, la théorie du chaos n'est pas chaotique au sens littéral : certains motifs se dégagent.

Le battement d'aile d'un papillon au Brésil peut causer une tornade au Texas. C'est ce que dit la théorie du chaos, qui admet que certains systèmes peuvent conduire à des comportements extrêmement divers malgré la proximité de leurs points de départ. Le temps est un exemple de système de ce type. Un minuscule changement dans la température ou la pression en un lieu peut déclencher une chaîne d'événements aboutissant à un déluge en un autre lieu.

Chaos est un terme assez mal choisi. Cela ne veut pas dire chaotique dans le sens totalement sauvage, imprévisible, dénué de structure. Les systèmes chaotiques sont déterministes, c'est-à-dire que si l'on connaît avec exactitude leur point de départ, leur évolution est prévisible et reproductible. Des lois physiques simples décrivent la succession d'événements qui s'ensuivent et qui sont toujours les mêmes à chaque réalisation. Mais si l'on prend un événement final, il est impossible de remonter le cours des choses et de dire d'où il vient, plusieurs chemins menant à lui. Ceci est dû au fait que les différences entre les conditions initiales conduisant à tel ou tel résultat peuvent se révéler extrêmement menues, voire indécelables. Ainsi, des résultats divergents peuvent provenir de minuscules variations initiales. À cause de cette divergence, la moindre incertitude sur les conditions initiales peut laisser possible une

chronologie

1898

Le billard d'Hadamard présente un comportement chaotique

vaste gamme de comportements subséquents. En ce qui concerne la météorologie, si votre estimation de la température d'une masse d'air est erronée d'un demi-degré, vos prédictions peuvent se révéler totalement fausses et vous pouvez vous retrouver non pas avec un violent orage mais avec une petite averse ou une sérieuse tornade dans la ville d'à côté. Les météorologistes sont donc très limités dans leurs capacités de prévision : même avec d'immenses ensembles de données relevées par les armées de satellites et de stations météorologiques, on ne peut prédire le temps que sur quelques jours – au-delà, les incertitudes deviennent trop grandes, à cause du chaos.

Développement La théorie du chaos fut réellement développée dans les années 1960, grâce au mathématicien et météorologiste américain Edward Lorenz. En utilisant un ordinateur pour modéliser le temps, Lorenz remarqua que son programme donnait des résultats très différents simplement lorsque l'on modifiait l'arrondi des nombres de départ. Pour simplifier les choses, il avait divisé ses calculs en différentes parties ; voulant les relancer au milieu, il avait retapé à la main les résultats intermédiaires, des nombres arrondis à trois chiffres après la virgule, alors que la mémoire de l'ordinateur retient six chiffres après la virgule. Le remplacement de 0,123456 par 0,123 conduisit, à la grande surprise de Lorenz, à un résultat complètement différent. De minuscules erreurs dues à l'arrondi avaient un effet considérable sur le résultat. Les modèles étaient reproductibles, et donc pas aléatoires, mais les différences étaient difficiles à interpréter. Pourquoi un minuscule changement dans son programme conduisait-il à du beau temps dans un cas et une tempête dans un autre ?

Examinant les détails, Lorenz vit que les résultats se limitaient à un certain ensemble, qu'il appela attracteur. Il n'était pas possible de produire n'importe quel type de temps simplement en variant les conditions initiales, mais un ensemble de motifs météorologiques semblaient être préférés, même s'il était difficile de prévoir à l'avance lequel des motifs de l'ensemble allait sortir des conditions initiales. Ceci est une caractéristique des systèmes chaotiques – ils suivent des motifs globaux mais un point final donné ne peut être ramené à un point initial particulier, à cause du chevauchement des chemins conduisant aux points finaux. Il existe donc maintes manières d'arriver à un résultat donné.

1961
Travaux de Lorenz sur les prévisions météorologiques

2005
On découvre que les orbites des lunes de Neptune sont chaotiques

L'effet papillon

L'idée principale du chaos, selon laquelle de petits changements peuvent avoir de grandes conséquences ultérieurement, est souvent appelée « effet papillon », d'après l'image donnée par Lorenz d'un battement d'aile de papillon causant un ouragan. Cette idée, en particulier en liaison avec celle du voyage dans le temps, a été exploitée dans de nombreuses œuvres de culture populaire, tels les films L'effet papillon ou Jurassic Park. En 1946, un ange permet à Georges, le personnage principal du film La vie est belle, de voir combien sa ville natale eût été plus malheureuse sans lui. L'ange lui dit : « C'est un immense présent qui t'a été fait, Georges : celui de voir ce que le monde eût été sans toi. » Georges se rend compte que sa seule existence a sauvé un homme de la noyade et que sa vie est véritablement merveilleuse.

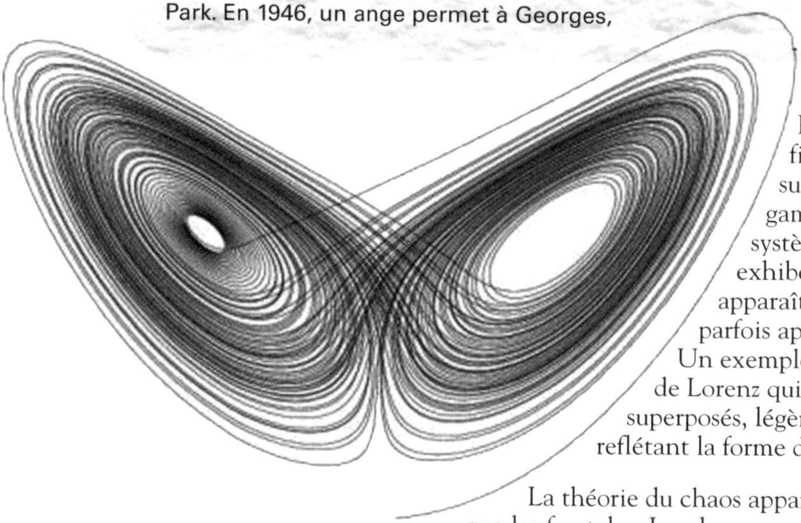

Les liens entre points initiaux et finaux peuvent être représentés sur un graphique pour montrer la gamme de comportement qu'un système chaotique donné peut exhiber. Un tel graphique fait apparaître les points d'attraction, parfois appelés « attracteurs étranges ». Un exemple célèbre est celui de l'attracteur de Lorenz qui ressemble à une série de 8 superposés, légèrement décalés et tordus, reflétant la forme des ailes d'un papillon.

La théorie du chaos apparut à peu près à la même époque que les fractales. Les deux sont en fait intimement liées. Les représentations graphiques des solutions chaotiques peuvent être fractales, pour de nombreux systèmes, les attracteurs présentant une structure interne fine à toutes les échelles.

Premiers exemples Même si ce fut l'apparition des ordinateurs qui lança véritablement la théorie du chaos, en permettant aux mathématiciens d'effectuer des simulations à répétition en variant les conditions initiales, des systèmes chaotiques plus simples avaient été identifiés bien avant. Par exemple, dès la fin du XIXe siècle, on savait que le chaos s'appliquait aux trajectoires des boules de billard et à la stabilité des orbites.

Jacques Hadamard avait étudié les mathématiques du mouvement d'une particule sur une surface courbe, comme une balle de golf sur un green, problème connu sous le nom de billard d'Hadamard. Sur certaines surfaces, les trajectoires des particules devenaient instables et elles tombaient. D'autres restaient sur la surface mais suivaient des chemins variables. Peu après, Henri Poincaré trouva également des solutions non répétitives pour le problème gravitationnel à trois corps, une Terre avec deux lunes par exemple. Ici aussi les orbites étaient instables : les trois corps restaient en orbites les uns autour des autres mais dans des boucles changeant continuellement. Les mathématiciens essayèrent ensuite de développer cette théorie du mouvement à plusieurs corps, appelée théorie ergodique, et de l'appliquer à des fluides turbulents et aux oscillations électriques dans les circuits radio. À partir des années 1950, la théorie du chaos se développa rapidement grâce à la découverte de nouveaux systèmes chaotiques et à l'utilisation d'ordinateurs qui permit d'accélérer les calculs. ENIAC, l'un des premiers ordinateurs, fut d'ailleurs utilisé pour les prévisions météorologiques et les études sur le chaos.

« Ils sont tous morts ! Harry n'était pas là pour les sauver parce que tu n'étais pas là pour sauver Harry ! Tu vois Georges, ta vie est vraiment belle. Ne vois-tu pas quelle erreur tu ferais en te l'ôtant ? »

La vie est belle, 1946

Les comportements chaotiques sont fréquents dans la nature ; ils apparaissent non seulement en météorologie et mécanique des fluides mais également dans les problèmes à plusieurs corps, comme celui des orbites des planètes. Neptune, par exemple, compte plus d'une douzaine de lunes, qui ne suivent pas la même orbite année après année mais en quelque sorte ricochent d'orbites instables en orbites instables. Certains chercheurs pensent que le bel agencement de notre système solaire pourrait en fait être le résultat d'un processus chaotique : en imaginant que nos planètes et d'autres aient fait partie d'un gigantesque billard des milliards d'années en arrière, le ballet planétaire stable que nous observons aujourd'hui pourrait être ce qu'il en reste, après disparition des corps instables.

idée clé
L'ordre dans le chaos

13 L'équation de Bernoulli

La relation entre vitesse et pression dans un fluide en mouvement est donnée par l'équation de Bernoulli. C'est elle qui régit le vol des avions, la circulation sanguine et l'injection du carburant dans les moteurs. Le mouvement rapide d'un fluide se traduit par une dépression qui explique la portance associée à la forme d'une aile d'avion et le rétrécissement du jet d'eau s'écoulant d'un robinet. Utilisant cet effet pour mesurer la pression sanguine, Daniel Bernoulli alla jusqu'à insérer lui-même des tubes directement dans les veines de ses patients.

Quand on ouvre un robinet, la colonne d'eau qui s'en écoule est plus mince que le diamètre dudit robinet. Pourquoi ? Et en quoi ceci est-il lié aux aéronefs et aux angioplasties ?

Le médecin et physicien néerlandais Daniel Bernoulli fut le premier à comprendre que le mouvement d'un fluide entraîne une dépression. Plus le fluide s'écoule rapidement, plus sa pression est faible. Imaginez par exemple un tube de verre à l'horizontale, à travers lequel on pompe de l'eau : on peut mesurer la pression de l'eau en insérant verticalement un tube capillaire transparent dans le premier tube et en examinant la hauteur de l'eau dans ce second tube. Si la pression de l'eau est élevée, le niveau de l'eau dans le capillaire augmente, tandis qu'il baisse si la pression diminue.

Bernoulli observa que la pression chutait dans le tube capillaire lorsqu'il augmentait la vitesse d'écoulement de l'eau dans le tube horizontal – et cette diminution de pression se révéla proportionnelle au carré de la vitesse de l'eau. Ainsi, tout fluide en mouvement possède une pression plus faible qu'un fluide immobile. L'eau qui s'écoule d'un robinet a une pression plus faible que l'air environnant et se voit donc comprimée en une colonne plus fine. Ceci s'applique à tout fluide, de l'eau à l'air.

chronologie

1738

Bernoulli découvre qu'une augmentation de la vitesse d'écoulement d'un fluide entraîne une diminution de sa pression

Circulation sanguine Médecin de formation, Bernoulli était lui-même fasciné par la circulation du sang dans le corps humain ; il inventa un outil permettant de mesurer la tension artérielle : un tube capillaire, inséré dans un vaisseau sanguin. Cette méthode fut utilisée pendant près de deux cents ans pour mesurer la tension artérielle in vivo. La découverte d'un procédé moins invasif dut être un soulagement pour tous.

Tout comme celle de l'eau dans un tuyau, la circulation du sang dans une artère est assurée par une différence de pression le long du vaisseau. Si le diamètre d'une artère est réduit, alors, d'après l'équation de Bernoulli, la vitesse du sang qui y circule augmente. Si le vaisseau est deux fois moins large, le sang circule quatre fois plus vite (deux au carré). L'accélération du sang s'écoulant dans des artères obstruées peut poser problème. D'abord, la circulation peut présenter plus de turbulences et, si la vitesse devient suffisamment grande, des tourbillons peuvent se former. Des turbulences dans le voisinage du cœur entraînent ainsi un souffle au son caractéristique que les médecins savent reconnaître. En outre, la dépression, dans les zones obstruées, peut tendre à faire se contracter l'artère, ce qui aggrave encore le problème. Si l'artère est élargie, par une angioplastie, le volume de l'écoulement augmentera à nouveau et tout ira bien.

Portance La dépression observée dans un fluide en mouvement a d'autres conséquences très importantes. Les aéronefs volent grâce au fait que l'air s'écoulant autour d'une aile produit une dépression. La forme des ailes est en effet telle que la face supérieure présente une courbure plus grande que celle de la face inférieure. Le chemin à parcourir étant plus long au-dessus, l'air s'y déplace, par rapport à l'aile, plus vite qu'en dessous. La différence de pression « porte » l'aile et permet à l'avion de voler. Un avion lourd doit prendre beaucoup de vitesse pour qu'apparaisse une différence de pression suffisamment grande pour lui permettre de décoller.

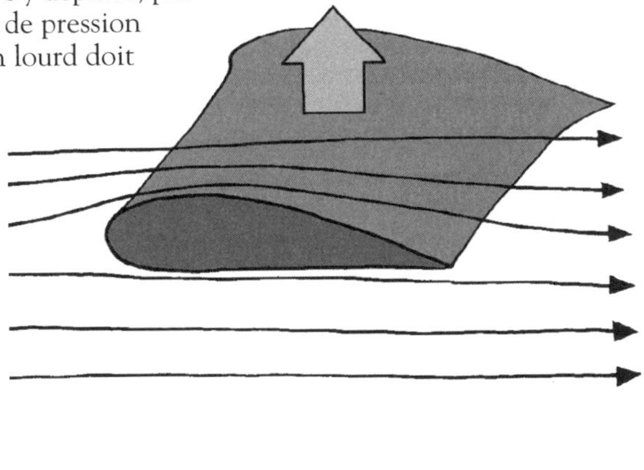

1896
Invention d'une technique non invasive de mesure de la tension artérielle

1903
Les frères Wright, avec un aéronef muni d'ailes inspirées par les travaux de Bernoulli, réussissent à faire voler le premier avion

DANIEL BERNOULLI 1700–1782

Le physicien néerlandais Daniel Bernoulli suivit une formation de médecin, conformément au souhait de son père, bien que sa réelle passion fût les mathématiques. Son père, Jean, était lui-même mathématicien, mais il essaya de dissuader Daniel de mettre ses pas dans les siens, et fut toute sa vie en compétition avec son fils. Bernoulli fit sa médecine à Bâle mais devint professeur de mathématiques à Saint-Pétersbourg en 1724. Travaillant avec le mathématicien Leonhard Euler sur les fluides, il établit le lien entre vitesse et pression grâce à des expériences sur des tubes et tuyaux, qui le conduisirent finalement à une technique permettant aux médecins de mesurer la tension artérielle. Bernoulli comprit qu'écoulement et pression des fluides sont liés à la conservation de l'énergie et montra qu'une augmentation de la vitesse entraîne une diminution de la pression. Daniel obtint un poste à Bâle en 1733. Jean jalousait son fils pour sa réussite, il lui était insupportable de travailler dans la même faculté que lui et il alla jusqu'à lui interdire sa maison. Malgré tout cela, Daniel dédia à son père son livre *Hydrodynamica*, écrit en 1734 et publié en 1738. Mais Bernoulli père vola les idées de Daniel et publia peu après un ouvrage similaire intitulé *Hydrolique*. Suite à ce plagiat, Daniel Bernoulli retourna à la médecine, jusqu'à la fin de sa carrière.

C'est un effet similaire qui explique comment le carburant est injecté dans le moteur d'une voiture via le carburateur. Un embout spécial, appelé tube à effet venturi (un tube large avec une région centrale plus étroite), produit de l'air à basse pression, en restreignant le flux avant de le relâcher ; cette dépression aspire le carburant et permet d'aboutir à un mélange carburant-air adéquat pour le moteur.

Conservation C'est en réfléchissant à la manière dont la conservation de l'énergie pouvait s'appliquer aux fluides que Daniel Bernoulli réalisa ses découvertes. Les fluides, comme l'air ou l'eau, sont des substances continues constamment susceptibles de se déformer. Elles n'en suivent pas moins les lois fondamentales de conservation : non seulement la conservation de l'énergie, mais celles de la masse et de la quantité de mouvement. Les atomes d'un fluide en mouvement se réarrangeant constamment, ils doivent obéir aux lois du mouvement établies par Newton et d'autres. Dans quelque description d'un fluide que ce soit, il ne peut y avoir création ni destruction d'atomes, ceux-ci ne peuvent que se déplacer. Il faut prendre en compte leurs collisions les uns avec les autres, qui entraînent des changements dans leur vitesse, déterminés par la conservation de la quantité de mouvement. En outre, la quantité totale d'énergie stockée par toutes les particules doit demeurer fixe, et ne peut que se déplacer avec le système.

« **Le vol de machines plus denses que l'air est impossible. Je n'ai pas la plus petite molécule de foi en la navigation aérienne autre que par ballons, ni n'attends le moindre résultat des tentatives dont nous entendons parler.** »

Lord Kelvin, 1895

Ces lois physiques sont utilisées aujourd'hui pour modéliser le comportement des fluides dans des cas aussi divers que la météorologie, les courants marins, la circulation des gaz dans les étoiles et les galaxies et celle des fluides dans notre corps. En météorologie, les prévisions reposent sur des modèles informatiques du mouvement d'un très grand nombre d'atomes, la thermodynamique permettant de décrire les échanges de chaleur qui accompagnent ces déplacements et les changements locaux de densité, de température et de pression. Vitesse et variation de pression sont elles-mêmes liées, causant l'apparition de vents, des hautes vers les basses pressions. Les mêmes concepts servirent à modéliser la trajectoire de Katrina sur les côtes américaines en 2005.

Une autre série d'équations incarne les lois de conservation : il s'agit des équations de Navier-Stokes, du nom des scientifiques qui les ont découvertes. Ces équations prennent également en compte les effets de la viscosité du fluide, due aux forces entre les molécules qui le constituent. Basées sur la conservation plutôt que sur une prédiction absolue, les équations de Navier-Stokes traitent des transformations et de la circulation moyennes des particules du fluide plutôt que d'essayer de suivre individuellement chacun des atomes présents.

Les équations de Navier-Stokes, bien que suffisamment fines pour expliquer nombre de systèmes complexes, en particulier les phénomènes climatiques comme El Niño et les ouragans, ne peuvent pas décrire un écoulement très turbulent comme une cascade ou même une fontaine. Les turbulences correspondent au mouvement aléatoire d'une eau perturbée et se caractérisent par des tourbillons et de l'instabilité. Elles apparaissent quand les écoulements deviennent très rapides et perdent leur stabilité. En raison de la grande difficulté à les représenter mathématiquement, d'importants prix demeurent offerts à qui parviendra à mettre en équation ces situations extrêmes.

idée clé
Artères et aérodynamique

14 La théorie des couleurs de Newton

Nous avons tous été émerveillés par la beauté des arcs-en-ciel – c'est Isaac Newton qui expliqua les secrets de leur formation. En faisant passer de la lumière blanche à travers un prisme, il vit qu'elle se décomposait en les couleurs de l'arc-en-ciel. Il montra que ces couleurs étaient contenues dans la lumière blanche, et non données par le prisme. Sa théorie fut très controversée à l'époque mais a, depuis, influencé des générations entières d'artistes et de scientifiques.

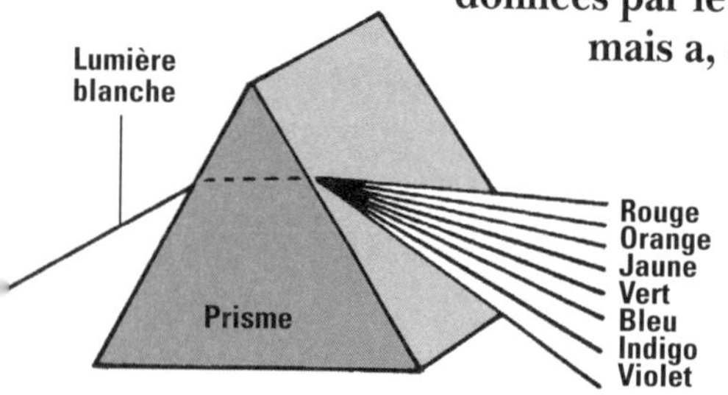

Éclairez un prisme avec de la lumière blanche, et le faisceau émergent s'étale en arc-en-ciel. C'est de la même manière que se forment les arcs-en-ciel, la lumière du soleil étant séparée par les gouttelettes de pluie : rouge, orange, jaune, vert, bleu, indigo et violet.

Le mélange Dans les années 1660, Newton réalisa chez lui toute sorte d'expérience autour de la lumière et des prismes ; il put ainsi démontrer qu'on pouvait obtenir de la lumière blanche en combinant les couleurs. Celles-ci constituaient donc les unités de base plutôt que des éléments composés qu'on obtiendrait par combinaison ou par l'action du prisme, comme on le pensait alors. Newton sépara des faisceaux bleu et rouge et montra que le passage à travers d'autres prismes ne permettait pas de les séparer plus avant.

Si familière qu'elle puisse paraître aujourd'hui, la théorie de Newton n'en fut pas moins très controversée à l'époque. Ses pairs la contestèrent avec virulence, préférant plutôt croire que les couleurs s'expliquaient par des combinaisons de clair et d'obscur, comme les ombres. Les échanges les plus vifs eurent lieu entre Newton et un contemporain tout aussi célèbre à l'époque, Robert Hooke. Ils se disputèrent publiquement au sujet de la théorie des couleurs durant toute leur vie. Hooke pensait que la lumière colorée était une empreinte, comme lorsque l'on regarde à travers des

chronologie

1672

Newton explique l'arc-en-ciel

vitraux. Il citait de nombreux cas inhabituels faisant intervenir des effets de lumière colorée pour étayer son propos et reprochait à Newton de ne pas avoir réalisé plus d'expériences.

Newton comprit également que, dans une pièce éclairée, les objets apparaissent colorés parce qu'ils renvoient, ou diffractent, telle ou telle couleur – la couleur n'était pas une qualité émanant de l'objet, en un certain sens. Un canapé rouge renvoie essentiellement de la lumière rouge et une table verte de la lumière verte. Un coussin turquoise renvoie du bleu et un peu de jaune. D'autres couleurs s'obtiennent en combinant les types de base.

« La Nature et ses lois se cachaient dans la nuit ; Dieu dit : "Que Newton soit" et tout fut lumière. »

Alexander Pope, 1727
(Épitaphe de Newton)

Ondes lumineuses Pour Newton, comprendre les couleurs représentait une manière de questionner la nature physique de la lumière elle-même. Poursuivant ses expériences, il conclut que la lumière se conduisait à bien des égards comme la houle. La lumière se comporte face à un obstacle comme la houle face à une jetée. Les rayons lumineux peuvent également s'additionner et se renforcer ou s'annuler tout comme le font les vagues. De même que les vagues sont des mouvements à grande échelle d'invisibles molécules d'eau, Newton pensait que les ondes lumineuses procédaient du mouvement de minuscules particules de lumière, de corpuscules, encore plus petits que des atomes. Ce que Newton ne savait pas, jusqu'à sa découverte des siècles plus tard, c'était que les ondes lumineuses sont en fait des ondes électromagnétiques – des ondes de champs électrique et magnétique couplés – et non pas la réverbération de particules solides. Lorsque la nature ondulatoire électromagnétique de la lumière fut découverte, l'idée de corpuscules défendue par Newton fut mise de côté. Elle ressuscita cependant sous une forme nouvelle quand Einstein démontra que la lumière peut aussi, parfois, se comporter comme un jet de particules pouvant transporter de l'énergie mais dépourvues de masse.

1810
Goethe publie son traité sur les couleurs

1905
Einstein montre que la lumière peut, dans certaines circonstances, se comporter comme des particules

Les mouvements ondulatoires apparaissent sous de nombreux aspects. Il en existe deux types de base : longitudinal et transversal. Les ondes longitudinales, dites de compression, apparaissent quand la vibration qui produit l'onde agit le long de la direction de propagation de l'onde, causant une succession de crêtes alternativement de haute et de basse pression. Les ondes sonores, par exemple celles résultant de la vibration d'une peau de tambour, sont longitudinales, de même que l'accordéon d'un mille-pattes se contractant avant de s'étendre pour avancer. En revanche, la lumière et la houle sont des ondes transverses, l'excitation initiale se produisant à angle droit de la direction de propagation : si vous agitez l'extrémité d'un ressort souple, une onde transverse le parcourra dans sa longueur même si le déplacement de votre main est perpendiculaire à celle-ci. De même, un serpent dessine une onde transversale dans son mouvement, utilisant les déplacements latéraux pour avancer. La houle est aussi une onde transverse car les molécules individuelles d'eau se déplacent verticalement alors que l'onde se propage vers l'horizon. Le mouvement transverse des ondes lumineuses est lui dû aux changements d'intensité des champs électrique et magnétique qui sont perpendiculaires à la direction de propagation de l'onde.

À travers le spectre Les différentes couleurs de la lumière sont le reflet des différentes longueurs d'onde de ces ondes électromagnétiques. La longueur d'onde est la distance entre deux crêtes consécutives d'une onde. En passant à travers un prisme, la lumière blanche est décomposée en couleurs correspondant à différentes longueurs d'ondes qui subissent des déviations différentes. Le prisme dévie les ondes lumineuses selon un angle qui dépend de la longueur d'onde, le rouge étant moins dévié et le bleu plus, et c'est ceci qui conduit à la décomposition en arc-en-ciel. Le spectre de la lumière visible apparaît dans l'ordre des longueurs d'onde, des plus longues, rouge, aux plus courtes, bleues, en passant par le vert.

Le cercle chromatique

Newton agença les couleurs de l'arc-en-ciel, du rouge au bleu, sur un cercle de manière à pouvoir montrer comment elles se combinaient. Les couleurs primaires — rouge, jaune et bleu — étaient placées sur le pourtour et pouvaient, par combinaison dans des proportions variées, composer toutes les couleurs intermédiaires. Les couleurs complémentaires, comme le bleu et l'orange, étaient placées face à face sur la roue. De nombreux artistes s'intéressèrent à la théorie des couleurs de Newton et particulièrement à son cercle chromatique, qui pouvait les aider à dépeindre des teintes contrastées et des effets d'éclairages. Les couleurs complémentaires donnent un contraste maximal, ou sont utiles pour peindre les ombres.

Qu'y a-t-il aux pieds de l'arc-en-ciel ? La lumière visible ne représente qu'une partie du spectre électromagnétique. Si cette portion compte tant pour nous, c'est parce que nos yeux se sont développés spécifiquement pour la percevoir. Les longueurs d'onde de la lumière visible étant à peu près à l'échelle des atomes et des molécules (quelques centaines de milliardièmes de mètre), les interactions entre lumière et matière dans les matériaux sont grandes. Nos yeux ont évolué pour percevoir la lumière visible précisément parce qu'elle est très sensible à la structure atomique. Newton était fasciné par le fonctionnement de l'œil ; il alla jusqu'à s'enfoncer une aiguille dans l'œil pour voir comment la pression affecte la perception des couleurs.

Au-delà de la lumière rouge se trouve l'infrarouge, avec des longueurs d'onde de quelques millionièmes de mètre. Les rayons infrarouges transportent la chaleur du Soleil et permettent avec des lunettes spéciales de « voir » la chaleur des corps. Plus longues encore sont les micro-ondes et les ondes radio. avec des longueurs allant du millimètre au centimètre et les ondes radio, avec des longueurs de l'ordre du mètre ou plus encore. Les fours micro-ondes utilisent des faisceaux électromagnétiques pour agiter les molécules d'eau contenues dans la nourriture, la réchauffant ainsi. De l'autre côté du spectre, au-delà du bleu, on trouve la lumière ultraviolette. Le soleil en émet et elle peut être néfaste pour notre peau – la couche d'ozone en arrête heureusement l'essentiel. À des longueurs encore plus courtes nous avons les rayons X – utilisés dans les hôpitaux pour leur capacité à traverser les tissus humains – et aux longueurs les plus courtes, les rayons gamma.

Développements Après l'explication physique de la lumière par Newton, philosophes et artistes se sont beaucoup intéressés à notre perception des couleurs. Au XIXe siècle, l'Allemand Wolfgang Goethe, génie universel, étudia l'interprétation de couleurs adjacentes par l'œil et l'esprit humains. Goethe introduisit le magenta sur le cercle chromatique de Newton (cf. encadré) et remarqua que les ombres prennent souvent une couleur opposée à celle de l'objet éclairé, par exemple une ombre bleue derrière un objet rouge. La roue des couleurs de Goethe demeure la référence pour les artistes et les designers d'aujourd'hui.

idée clé
Aux pieds de l'arc-en-ciel

15 Le principe de Huygens

Si on lâche une pierre dans une mare, cela génère des vaguelettes circulaires partant du point de chute. Pourquoi les vaguelettes se propagent-elles ? Et comment prévoir leur comportement face à un obstacle tel qu'une souche d'arbre, ou la manière dont elles se réfléchiront sur les berges de la mare ? Le principe de Huygens constitue un outil pour comprendre comment les ondes se propagent, en imaginant que chaque point d'un front d'onde est lui-même la source d'une onde.

Le physicien néerlandais Christiaan Huygens imagina une manière très pratique de prédire la propagation d'une onde. Imaginons que vous avez jeté un galet dans un lac et que vous observez les cercles concentriques qui se sont formés. Si vous pouviez arrêter le temps, chaque point sur un de ces cercles pourrait être vu comme un nouveau point source, d'où partirait une onde circulaire aux propriétés semblables à celles de l'onde gelée ; comme si des cailloux disposés en cercle étaient lâchés simultanément dans l'eau, le long du front de la première onde. Ce nouvel ensemble de perturbations étend l'onde un peu plus loin, et le nouveau front marque le point de départ d'un autre ensemble de sources d'énergie ondulatoire. En répétant ce principe, on peut suivre l'évolution de l'onde.

Pas à pas Ce que l'on appelle principe de Huygens, c'est l'idée selon laquelle chaque point d'un front d'onde peut être vu comme une nouvelle source d'énergie ondulatoire de phase et de fréquence identiques à celles de l'onde initiale. La fréquence d'une onde correspond au nombre de périodes ondulatoires qui ont lieu en une durée donnée, et la phase identifie le moment du cycle où l'on se trouve. Par exemple, toutes les crêtes ont la même phase, et tous les creux sont décalés d'une demi-période par rapport aux crêtes. Si vous songez à la houle par exemple, la distance entre deux vagues, appelée longueur d'onde, est peut-être de cent mètres. Sa fréquence, soit le nombre de longueurs d'onde qui passent un point donné en une seconde, est peut-être de 100 mètres en 60 secondes, soit une période par minute. Les vagues marines les plus rapides sont les raz-de-marées, ou tsunamis, qui peuvent

chronologie

1655
Huygens découvre Titan

1678
Publication du traité de Huygens sur la théorie ondulatoire de la lumière

CHRISTIAAN HUYGENS 1629–1695

Fils d'un diplomate néerlandais, Christiaan Huygens fut un aristocrate de la physique, collaborant volontiers avec les savants et les philosophes de toute l'Europe du XVIIe siècle, y compris d'aussi célèbres personnages que Newton, Hooke et Descartes. Les premières publications de Huygens étaient consacrées à des problèmes mathématiques, mais il s'intéressait aussi à Saturne. Doué d'un goût pour les applications pratiques, il breveta la première horloge à pendule et essaya de concevoir une horloge nautique que l'on pût emmener en mer pour calculer les longitudes. Huygens voyagea à travers l'Europe, s'arrêtant en particulier à Paris et à Londres, rencontrant et discutant avec d'éminents scientifiques du pendule, du mouvement circulaire, de mécanique et d'optique. Bien qu'il eût travaillé avec Newton sur les forces centrifuges, Huygens regardait comme absurde le concept d'action à distance apparaissant dans sa théorie de la gravitation. En 1678, Huygens publia son traité sur la théorie ondulatoire de la lumière.

atteindre des vitesses de 800 km/h, la vitesse d'un avion à réaction, avant de ralentir à quelques dizaines de kilomètres par heure et de grandir à l'approche des côtes qu'ils vont balayer.

Le principe de Huygens peut être appliqué à chaque fois qu'une onde rencontre un obstacle ou croise la route d'autres ondes. Si l'on dessine la position du front d'onde sur une feuille de papier, la position suivante peut être déterminée en utilisant un compas pour tracer des cercles centrés sur un grand nombre de points du front d'onde, puis en traçant une ligne régulière le long de leur bord extérieur, ligne qui donne le nouveau front d'onde.

L'approche relativement simple de Huygens permet de décrire les ondes dans de nombreuses circonstances. Une onde plane demeure telle dans sa propagation car les ondelettes circulaires qu'elle génère sur sa longueur s'ajoutent pour former un nouveau front d'onde en avant du premier. En observant un ensemble de vagues marines parallèles passant à travers une petite ouverture dans la jetée d'un port, on voit cependant qu'elles se déforment en arcs de cercles après leur passage. Seule une très courte partie de l'onde droite passe à travers l'ouverture, les arcs se forment sur les bords de cette portion rescapée, là où, selon le principe de Huygens, de nouvelles

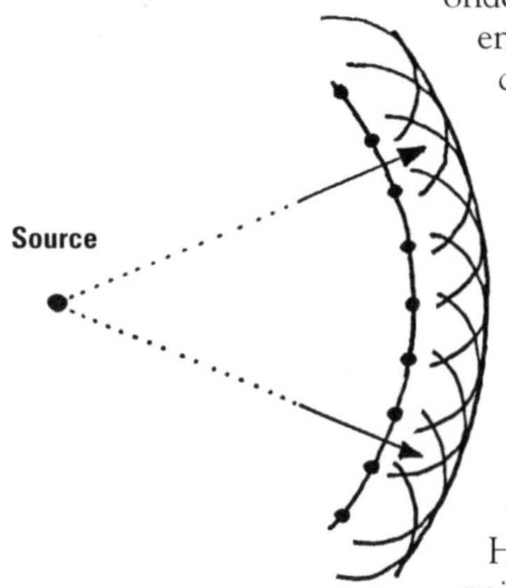

ondes circulaires apparaissent. Si le trou est petit par rapport à la distance entre les vagues, les bords arrondis dominent et l'onde transmise a l'air quasi semi-circulaire. Cet étalement de l'énergie ondulatoire de part et d'autre de l'ouverture s'appelle diffraction.

En 2004 s'est produit un raz-de-marée dramatique dans l'océan indien, à la suite d'un violent tremblement de terre au large de Sumatra. En certains endroits, sa force fut diminuée grâce à l'étalement de l'énergie due à la diffraction par divers archipels d'îles.

Vous en croyez vos oreilles ? Le principe de Huygens permet aussi de comprendre pourquoi si vous criez pour vous faire entendre de quelqu'un se trouvant dans la pièce voisine, cette personne entendra votre voix comme si vous vous trouviez près du pas de la porte. Selon Huygens, lorsque les ondes arrivent sur le seuil, un nouvel ensemble de points sources se crée, exactement comme dans l'exemple du port tout à l'heure. Et donc, pour autant que votre interlocuteur sache, les ondes viennent de la porte : l'histoire passée des ondes dans la pièce adjacente est perdue.

De même, en regardant une vague circulaire atteindre le bord d'une mare, vous voyez des cercles inversés se former. Le premier point de l'onde initiale qui touche le bord agit ensuite comme un point source, et ainsi commence à se propager une nouvelle onde, dans l'autre sens. La réflexion des ondes peut donc elle aussi être décrite par le principe de Huygens.

Huygens sur Titan

La sonde spatiale Huygens s'est posée sur Titan le 14 janvier 2005, après un voyage de sept ans. Placée à l'intérieur d'un coquille de quelques mètres de diamètre, la sonde a réalisée une série d'expériences pour mesurer les vents, la pression atmosphérique, la température et la composition de la surface, durant son trajet à travers l'atmosphère, avant de se poser sur une plaine glacée. Titan est un monde étrange, dont l'atmosphère et la surface regorgent de méthane liquide. Selon certains, Titan pourrait abriter des formes de vie primitives, comme des bactéries utilisatrices de méthane. Huygens a été la première sonde spatiale à se poser sur un corps du système solaire externe.

Quand la houle atteint des eaux peu profondes, par exemple près d'une plage, sa vitesse change et les fronts d'onde s'incurvent en direction des zones moins profondes. Huygens décrivit cette « réfraction » en modifiant le rayon des ondelettes produites par les nouveaux points sources, de sorte qu'à une onde plus lente correspondaient des ondelettes plus petites. Les ondelettes plus lentes ne vont pas aussi loin que les plus rapides, et le nouveau front d'onde n'est donc plus parallèle à l'ancien.

Une prédiction peu réaliste du principe de Huygens est que, si toutes les ondelettes sont des sources d'énergie ondulatoire, alors elles devraient générer non seulement une onde vers l'avant mais aussi une onde vers l'arrière. Pourquoi, alors, l'onde se propage-t-elle uniquement vers l'avant ? Huygens n'avait pas de réponse et se contentait de supposer que l'énergie se propageait vers l'avant et que l'on pouvait ignorer le mouvement vers l'arrière. Le principe de Huygens est donc surtout un outil très pratique pour prévoir la propagation d'une onde, plutôt qu'une loi offrant une explication complète d'un phénomène.

« À chaque fois qu'un homme se dresse pour un idéal (…) il envoie une ondelette d'espoir, et ces ondelettes, provenant d'un million de sources différentes d'énergie et de courage, se combinent et construisent ensemble un courant propre à balayer les murailles les plus imposantes de l'oppression et des conservatismes. »

Robert Kennedy, 1966

Les anneaux de Saturne Outre ses recherches sur les ondes, Huygens découvrit les anneaux de Saturne. Il fut le premier à montrer que Saturne était ceinte d'un disque aplati plutôt que flanquée de lunes surnuméraires ou affublée d'un bourrelet équatorial changeant. Il en déduisit que la même physique que celle qui permettait d'expliquer les orbites des lunes – la gravitation de Newton – s'appliquait à un ensemble de corps plus petits formant, en orbite, un anneau. En 1655, Huygens découvrit également la plus grande des lunes de Saturne, Titan. Exactement 350 ans plus tard, un vaisseau spatial baptisé Cassini a atteint Saturne, transportant à son bord une petite capsule, dénommée Huygens, qui est descendue à travers les nuages de l'atmosphère de Titan pour se poser sur son sol de méthane gelé. Titan possède des continents, des dunes de sable, des lacs et peut-être même des rivières, composés non pas d'eau mais de méthane et d'éthane solides et liquides. Huygens aurait été émerveillé d'imaginer qu'un jour un vaisseau portant son nom voyagerait jusqu'à ce monde lointain, d'autant plus que l'on peut encore utiliser le principe baptisé de son nom pour modéliser les ondes extraterrestres que l'on rencontre là-bas.

idée clé
L'avancée des ondes

16 La loi de Snell-Descartes

Pourquoi une paille plongée dans un verre semble-t-elle courbée ? La raison en est que la lumière se propage à des vitesses différentes dans l'air et dans l'eau, ce qui induit une courbure des rayons. La loi de Snell, qui décrit la courbure de la lumière, explique l'apparition de mirages au-dessus de routes surchauffées et pourquoi, dans les piscines, les gens ont l'air d'avoir des jambes toutes petites. On l'utilise aussi de nos jours pour concevoir des matériaux intelligents qui paraissent invisibles.

Vous êtes-vous jamais amusé de ce que les jambes d'un de vos amis debout dans une piscine avaient l'air bien plus courtes que sur les berges ? Vous êtes vous jamais demandé pourquoi une paille plongée dans votre verre a l'air d'être tordue ? La loi de Snell-Descartes permet de répondre à ces questions.

Quand des rayons lumineux traversent la frontière séparant deux milieux dans lesquels la lumière se propage à des vitesses différentes, par exemple la surface séparant air et eau, les rayons s'incurvent. C'est ce que l'on appelle la réfraction. La loi de Snell permet de calculer le degré de courbure qui apparaît dans la transition entre différents matériaux et doit son nom au mathématicien néerlandais du XVIIe siècle, Willebrord Snellius, même s'il ne l'a jamais publié. On l'appelle aussi loi de Snell-Descartes, René Descartes en ayant publié une démonstration en 1637. Le fait que la lumière se comporte ainsi était connu au moins depuis le Xe siècle, puisque l'on trouve des écrits de cette époque qui le mentionne, mais la formalisation ne vint que des siècles plus tard.

La lumière se déplace plus lentement dans des milieux plus denses comme l'eau ou le verre, que dans l'air. La trajectoire d'un rayon de soleil bifurque donc vers le fond de la piscine au niveau de la surface de l'eau. Les rayons réfléchis suivent la même trajectoire et arrivent donc à nos yeux avec un angle moins marqué ; considérant qu'ils nous sont parvenus directement, nous voyons les jambes d'une personne debout dans la piscine plus courtes. Le mirage, qui nous fait voir une flaque sur une route

chronologie

984 Ibn Sahl consacre des écrits aux lentilles et à la réfraction

1621 Snell découvre sa loi de la réfraction

1637 Descartes publie une loi similaire

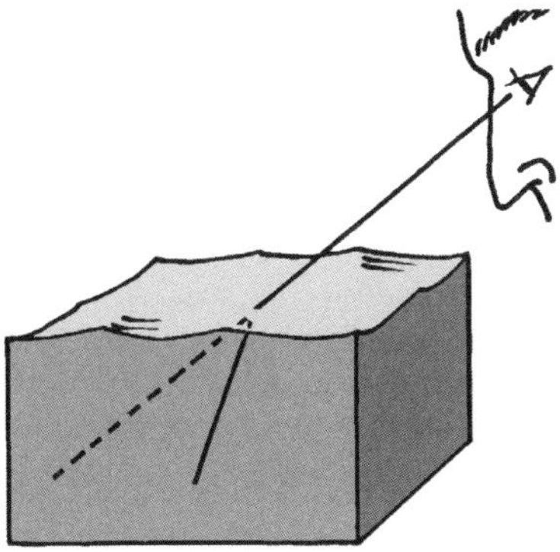

bouillante, se forme de la même manière. La lumière du ciel est déviée au-dessus de l'asphalte parce que sa vitesse change dans les couches d'air surchauffées. L'air bouillant est moins dense que l'air plus frais, ce qui fait que les rayons quittent leur trajectoire verticale initiale et que nous voyons le reflet du ciel sur le tarmac, donnant l'illusion d'une flaque d'eau.

L'angle de déviation d'un rayon dépend des vitesses relatives de la lumière dans les deux milieux - techniquement, le rapport des vitesses donne le rapport des sinus des angles (mesurés à partir de la verticale). Donc, pour un rayon passant de l'air à l'eau, ou à un autre milieu dense, la déviation se produit vers l'intérieur et la pente est plus marquée.

Indice de réfraction La lumière voyage à la vitesse époustouflante de 300 millions de mètres par seconde dans le vide. Le rapport de sa vitesse dans un milieu plus dense, comme le verre, à celle dans le vide est appelé indice de réfraction du milieu. Le vide a par définition un indice égal à 1 ; un milieu avec un indice égal à 2 ralentirait la lumière jusqu'à la moitié de sa vitesse. Un indice de réfraction élevé signifie que la lumière sera fortement déviée lorsqu'elle traversera le milieu.

L'indice de réfraction est une propriété du milieu. Certains matériaux sont conçus pour avoir un indice de réfraction spécifique qui peut avoir son utilité (par exemple des verres optiques pour corriger la vue). Le pouvoir des lentilles et des prismes dépend de leur indice de réfraction ; les lentilles les plus puissantes ont des indices de réfraction élevés.

La réfraction s'applique à toutes les ondes, pas seulement à la lumière. La houle ralentit quand la profondeur de l'eau diminue, ce qui revient à un changement d'indice de réfraction. De ce fait, les vagues arrivant initialement avec un certain angle par rapport à la plage se redressent pour finalement toujours arriver parallèlement à la plage.

Sucré sucré

L'indice de réfraction est très utile en viticulture, ainsi que dans la production de jus de fruit. Les viticulteurs mesurent en effet à l'aide d'un réfractomètre la concentration en sucre du raisin. Le sucre dissout augmente l'indice de réfraction du moût et donne une indication du degré alcoolique que le vin possédera.

1703
Huygens publie la loi de Snell

1990
Développement des méta-matériaux

Faire plouf

Les piscines sont l'un des sujets préférés de l'artiste britannique David Hockney. Outre qu'il aime beaucoup peindre les effets optiques qui déforment les corps sous l'eau, baignés du soleil qui inonde sa résidence californienne, Hockney a aussi agité le monde de l'art en suggérant que certains artistes célèbres ont pu avoir recours à des lentilles pour les aider à créer leurs tableaux, et ce dès le XVe siècle. Des dispositifs optiques simples pouvaient être utilisés pour projeter une scène sur la toile, l'artiste n'ayant alors plus qu'à en repasser les contours et à y peindre les couleurs. Hockney a découvert des indices géométriques suggérant le recours à cette technique chez des maîtres comme Ingres ou le Caravage.

Réflexion totale Parfois, quand un rayon lumineux se propageant dans du verre atteint l'interface avec l'air sous un angle trop grand, il peut se réfléchir totalement et ne pas traverser l'interface. C'est ce qu'on appelle la réflexion totale, car toute la lumière reste à l'intérieur du verre. L'angle critique auquel cela se produit est déterminé par les indices de réfractions relatifs des deux milieux. Le phénomène ne peut se produire que pour des ondes se propageant d'un milieu d'indice élevé vers un milieu d'indice plus faible, par exemple du verre à l'air.

Le principe de Fermat La loi de Snell-Descartes est une conséquence du principe de Fermat, qui dit que les rayons lumineux suivent, dans tout milieu, le trajet le plus rapide. Ainsi, si elle doit traverser un ensemble de milieux, la lumière choisira l'itinéraire le plus rapide, en favorisant les milieux d'indice plus faible. C'est essentiellement une manière de définir ce qu'est un rayon lumineux, et on peut le déduire du principe de Huygens en remarquant que les rayons empruntant les chemins les plus rapides auront tendance à se renforcer les uns les autres alors que la lumière se dispersant dans des directions aléatoires aura tendance à s'annuler en moyenne. Le mathématicien français Pierre de Fermat avança ce principe au XVIIe siècle, époque où l'étude de l'optique était à son apogée.

Les méta-matériaux Les physiciens d'aujourd'hui ont mis au point une nouvelle classe de matériaux - appelés méta-matériaux - qui se comportent de manière inusitée lorsqu'on les place sous un faisceau de lumière ou d'autres ondes électromagnétiques. Les méta-matériaux sont conçus pour que leur apparence à la lumière soit dictée non pas par leurs propriétés chimiques mais par leur structure physique. L'opale est un exemple naturel de méta-matériau - sa structure cristalline affecte la réflexion et la réfraction de la lumière à sa surface et produit des flashs de diverses couleurs.

PIERRE DE FERMAT 1601–1665

Pierre de Fermat, avocat à Toulouse qui s'adonnait aux mathématiques dans son temps libre, fut l'un des plus grands mathématiciens de son époque. Après avoir écrit à de célèbres mathématiciens parisiens, sa réputation s'établit mais il eut du mal à publier quoi que ce soit. Il se querella avec René Descartes au sujet de la théorie de la réfraction, la décrivant comme « un tâtonnement dans la pénombre ». La colère de Descartes n'empêcha pas Fermat d'avoir raison. Fermat cristallisa ensuite ses idées dans son principe selon lequel la lumière suit le chemin le plus rapide. Son travail fut interrompu par la guerre civile en France et par des épidémies de peste. En dépit de rumeurs disant qu'il avait lui-même succombé au fléau, il poursuivit ses recherches sur la théorie des nombres. Il est surtout célèbre pour le grand théorème qui porte son nom, selon lequel la somme de deux cubes ne peut pas être un cube (et de même pour les puissances plus élevées). Fermat écrivit dans la marge d'un livre qu'il avait trouvé une preuve tout à fait remarquable de ce théorème mais qu'il manquait ici de place pour la donner. La preuve perdue tint les mathématiciens en échec pendant trois siècles, jusqu'à ce que le mathématicien britannique Andrew Wiles démontre le théorème en 1994.

Vers la fin des années 1990 sont apparus des méta-matériaux d'indice de réfraction négatif, dans lesquels la lumière est déviée dans la direction opposée au passage de l'interface. Si un de vos amis se tenait debout dans une piscine remplie d'un liquide d'indice de réfraction négatif, au lieu de voir l'avant de ses jambes raccourcis, vous en verriez l'arrière projeté sur son corps, face à vous. Les matériaux d'indice négatifs peuvent être utilisés pour fabriquer des « super-lentilles » qui donnent des images bien plus nettes qu'il n'est possible d'obtenir avec le meilleur des verres. Et, en 2006, des physiciens ont réussi à fabriquer un système de dissimulation basé sur un méta-matériau totalement invisible aux micro-ondes.

idée clé
La lumière trouve le chemin le plus rapide

17 La loi de Bragg

C'est en utilisant la loi de Bragg que fut découverte la structure en double hélice de l'ADN. Cette loi explique comment des ondes se propageant à travers un solide ordonné se renforcent les unes les autres pour donner un motif de points alternativement brillants et sombres dont l'écart dépend des espaces réguliers entre les atomes ou les molécules du solide. En mesurant les motifs lumineux qui en émergent, on peut déduire l'architecture cristalline sous-jacente.

Si vous vous trouvez dans une pièce éclairée, placez votre main près d'un mur : vous y verrez se découper une silhouette aux bords francs. Éloignez votre main du mur et le bord de l'ombre deviendra moins net. Ceci est dû à la diffraction de la lumière autour de votre main. Les rayons lumineux s'étalent après être passés entre vos doigts, les contours deviennent donc moins nets. Toutes les ondes se comportent ainsi. La houle est diffractée par les jetées des ports et les ondes sonores s'incurvent au-delà de la scène.

Le phénomène de diffraction peut être décrit en utilisant le principe de Huygens, qui permet de connaître le chemin d'une onde en considérant chaque point d'un front d'onde comme une nouvelle source d'énergie ondulatoire. Chaque point produit une onde circulaire et ces ondelettes s'additionnent pour donner la progression de l'onde globale. Si le front d'onde se trouve restreint, alors les ondelettes circulaires émises à chaque extrémité se propagent sans interférence. C'est ce qui se passe lorsqu'une série d'ondes parallèles rencontrent un obstacle comme votre main, ou passent à travers une ouverture comme l'entrée d'un port ou le seuil d'une porte.

La cristallographie par rayons X Le physicien australien William Lawrence Bragg découvrit que la diffraction se produit également pour des ondes traversant un cristal. Un cristal est constitué d'un grand nombre d'atomes empilés suivant une belle structure en réseau, avec des colonnes et des rangées régulières. Bragg observa, en radiographiant un cristal, que les rayons étaient diffractés par les rangées d'atomes. Il y avait des directions dans lesquelles plus de rayons arrivaient que dans d'autres, formant petit à petit un motif, différent selon le type de cristal.

chronologie

1895 Röntgen découvre les rayons X

1912 Bragg découvre sa loi relative à la diffraction

WILLIAM LAWRENCE BRAGG 1890–1971

William Lawrence Bragg vint au monde à Adélaïde, où son père, William Henry, enseignait les mathématiques et la physique. Bragg fils fut le premier australien à passer une radiographie après s'être cassé le bras en tombant de son vélo. Il étudia les sciences physiques et suivit son père en Angleterre après avoir obtenu son diplôme. À Cambridge, Bragg découvrit sa loi relative à la diffraction des rayons X par les cristaux. Il avait discuté ses idées avec son père, ce qui conduisit beaucoup de gens à penser que la découverte était plutôt le fait de celui-ci, au grand dam du fils. Il s'engagea dans l'armée durant les deux guerres mondiales et y travailla sur le sonar. Il retourna ensuite à Cambridge où il lança plusieurs petits groupes de recherche. Vers la fin de sa carrière, Bragg devint un médiateur scientifique reconnu, organisant à Londres des conférences pour les écoliers et passant régulièrement à la télévision.

Pour observer cet effet, il fallait utiliser les rayons X, découverts par le physicien allemand Wilhelm Röntgen en 1895, en raison de la petitesse de leur longueur d'onde, mille fois plus courte que celle de la lumière visible, et plus courte que la distance entre les atomes d'un cristal. Les rayons X ont donc des longueurs d'ondes suffisamment courtes pour traverser les couches cristallines tout en subissant une forte diffraction.

Les points les plus brillants en rayons X apparaissent lorsque des rayons suivent à travers le cristal des chemins tels que leurs signaux sont tous « en phase » les uns avec les autres. Les ondes « en phase », pour lesquelles creux et crêtes sont alignés, se renforcent et génèrent des points brillants. En « déphasage », creux et crêtes totalement non alignés, les ondes s'annulent et aucune lumière n'émerge. On voit donc globalement apparaître un motif de points brillants dont l'espacement correspond à la distance entre les rangées d'atomes à l'intérieur du cristal. Cet effet de renforcement et d'annulation des ondes s'appelle « interférences ».

« Le point important en science n'est pas tant de découvrir des faits nouveaux que de trouver de nouvelles manières de considérer les choses. »

Sir William Bragg, 1968

1953

La cristallographie par rayons X est utilisée pour découvrir la structure de l'ADN

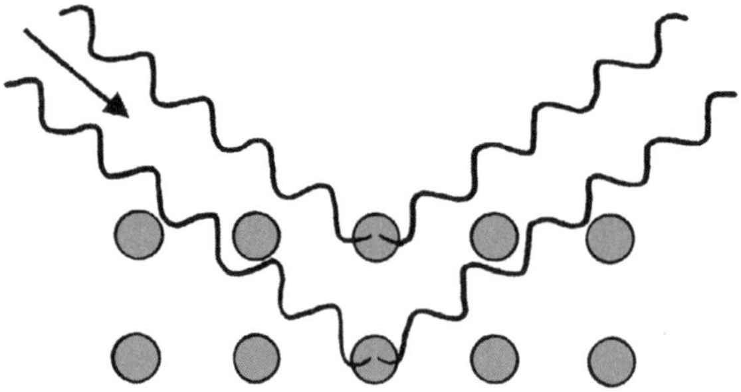

Bragg mit ceci en équations en considérant deux ondes, l'une réfléchie par la surface du cristal et l'autre par la première couche d'atomes sous la surface. Pour que la deuxième onde soit en phase avec le cristal, elle doit parcourir une distance supplémentaire égale à un nombre entier de longueurs d'onde. Or cette distance supplémentaire dépend de l'angle d'incidence des rayons et de l'écart entre les couches d'atomes. La loi de Bragg énonce la relation entre les interférences observées et le pas du réseau cristallin, pour une longueur d'onde donnée.

Structure profonde L'utilisation des rayons X en cristallographie est très répandue, en particulier pour déterminer la structure de nouveaux matériaux et, en biologie ou en chimie, pour étudier les architectures moléculaires. En 1953, cette méthode fut utilisée pour identifier la structure en double hélice de l'ADN. Il est bien connu que c'est en examinant les figures d'interférences en rayons X obtenues par Rosalind Franklin que Francis Crick et James Watson eurent l'idée que les molécules ayant produit ces figures devaient être structurées en double hélice.

La double hélice de l'ADN

Dans les années 1950, les scientifiques cherchaient à percer l'énigme de la structure de l'ADN, une des briques élémentaires de la vie. Les physiciens britanniques James Watson et Francis Crick découvrirent en 1953 la structure en double hélice, ce qui fut une avancée majeure. Ils indiquèrent avoir été inspirés par les travaux de collègues du King's College de Londres, Maurice Wilkins et Rosalind Franklin, qui avaient réalisé des radiographies cristallographiques de l'ADN en utilisant la loi de Bragg. L'exquise clarté des images de Franklin donnait à voir des figures d'interférence qui allaient permettre de lever le voile sur la structure de l'ADN. Crick, Watson et Wilkins reçurent le Prix Nobel pour leurs travaux, mais pas Rosalind Franklin, morte entre-temps. Certains pensent que son rôle a pu être minimisé, à l'époque, pour des raisons sexistes ; il est également possible que ses résultats aient été communiqués à Watson et Crick à son insu. Sa contribution est aujourd'hui reconnue.

WILHELM RÖNTGEN 1845–1923

Wilhelm Röntgen vint au monde dans le Bas-Rhin allemand, avant de déménager, encore enfant, vers les Pays-Bas. Il étudia la physique à Utrecht et Zurich et travailla dans plusieurs universités avant d'obtenir un poste de professeur à Würzburg puis Munich. Les travaux de Röntgen étaient centrés autour de la chaleur et de l'électromagnétisme, mais il est surtout resté célèbre pour sa découverte des rayons X en 1895. Il observa que, lors du passage d'un courant électrique à travers un gaz à basse pression, un écran revêtu d'un certain composé chimique devenait fluorescent, et ce même lorsque l'expérience était réalisée dans l'obscurité complète. Röntgen s'aperçut que ces rayons inconnus étaient capables de traverser de nombreux matériaux, y compris la chair de la main de sa femme placée devant une plaque photographique. Il baptisa ces rayons « rayons X » parce que leur origine était inconnue. Il fut démontré plus tard qu'il s'agissait d'ondes électromagnétiques semblables à la lumière, mais d'une fréquence bien plus élevée.

Pour la première fois, la découverte des rayons X et les techniques de cristallographie donnaient aux physiciens des outils pour voir à l'intérieur du corps humain et même explorer la structure profonde de la matière. De nombreuses techniques utilisées aujourd'hui en imagerie médicale reposent sur la même physique. La tomographie assemble de nombreuses radiographies pour donner une image réaliste de l'intérieur du corps ; l'imagerie par ultrasons fonctionne à partir des échos renvoyés par les organes ; l'imagerie par résonance magnétique nucléaire (IRM) repère l'eau dans les tissus corporels en identifiant les vibrations moléculaires déclenchées par de puissants aimants ; et la tomographie par émission de positons (TEP) consiste à suivre des marqueurs radioactifs dans leur diffusion à travers le corps. Les médecins et les patients peuvent donc être reconnaissants à des physiciens comme Bragg d'avoir développé ce genre d'outils.

Mathématiquement la loi de Bragg s'écrit : $2d \cdot \sin\theta = n \cdot \lambda$ où d est la distance entre les couches d'atomes, θ est l'angle d'incidence de la lumière, n est un nombre entier et λ est la longueur d'onde de la lumière.

idée clé
Éclairer la structure

18 La diffraction de Fraunhofer

Pourquoi ne peut-on jamais parvenir à une photographie parfaite ? Pourquoi notre propre vue est-elle si imparfaite ? Même le plus petit des points n'est pas rigoureusement net, parce que la lumière s'étale en passant à travers le diaphragme de l'appareil photo ou la pupille de l'œil. La diffraction de Fraunhofer décrit cet étalement pour des faisceaux lumineux provenant d'un paysage lointain.

Il est impossible de lire le nom d'un bateau au loin – on pourrait certes y arriver à l'aide de jumelles, mais pourquoi faut-il que nos yeux aient une résolution aussi limitée ? La raison en est la taille de nos pupilles (l'ouverture de nos yeux, qui joue le même rôle que le diaphragme d'un appareil photo). Il faut qu'elles soient suffisamment ouvertes pour laisser entrer la quantité de lumière nécessaire au déclenchement des capteurs rétiniens, mais plus les pupilles sont ouvertes plus les ondes lumineuses entrantes sont floutées.

Les ondes lumineuses pénétrant dans l'œil à travers la pupille peuvent venir de nombreuses directions. Plus l'ouverture est grande, plus les directions dont les rayons peuvent venir sont nombreuses et, exactement comme dans le cas de la diffraction de Bragg, les différents chemins lumineux interfèrent selon que leurs phases sont alignées ou non. L'essentiel du faisceau arrive directement, en phase, formant ainsi un point central brillant et net. Le pourtour de cette tache lumineuse se situe là où des rayons adjacents s'annulent, et une série de bandes alternativement sombres et lumineuses apparaît sur les bords. C'est la largeur de la tache centrale qui détermine la finesse des détails que nos yeux peuvent relever.

Champ lointain La diffraction de Fraunhofer, du nom du grand fabricant allemand de lentilles Joseph von Fraunhofer, permet de décrire le flou qui apparaît sur les images quand les rayons incidents arrivent tous parallèles les uns aux autres. La diffraction de Fraunhofer, également appelée diffraction du champ lointain, se produit quand la lumière d'une source lointaine (par exemple le Soleil ou les étoiles)

chronologie

1801
Thomas Young réalise son expérience à deux fentes

1814
La première lentille de Fresnel est utilisée dans un phare

traverse une lentille : cette lentille peut être notre œil, ou bien celle d'un appareil photo ou d'une lunette. Par conséquent, il existe une limite naturelle à la netteté de l'image qui se forme à la sortie d'un système optique – la « limite de diffraction ». Cette limite est proportionnelle à la longueur d'onde de la lumière et à l'inverse de la taille de l'ouverture ou de la lentille. Les images bleues sont donc légèrement plus nettes que les rouges, et les images prises avec une grande ouverture ou une grande lentille seront moins floues.

Diffraction Tout comme le contour de l'ombre projetée par votre main devient plus flou du fait de la diffraction de la lumière, celle-ci s'étale au passage d'une ouverture étroite. Plus l'ouverture est étroite, plus la lumière s'étale, contrairement à ce que l'on pourrait croire intuitivement. Projetée sur un écran, la lumière provenant d'une ouverture produit une tache brillante au centre flanquée de bandes alternativement sombres et lumineuses, appelées franges d'interférence, dont l'éclat diminue à mesure que l'on s'éloigne du centre. La plupart des rayons passent tout droit et se renforcent, mais ceux qui traversent en formant un certain angle interfèrent et donnent ces bandes sombres et lumineuses.

Plus le trou est petit, plus la séparation entre les bandes est grande car les chemins que peuvent parcourir les rayons sont alors plus restreints et donc plus semblables. Si vous tenez deux morceaux de tissu fin, par exemple deux foulards en soie, devant la lumière et que vous les faites bouger l'un par rapport à l'autre, la superposition des trames produira une figure d'interférence. Placées l'une sur l'autre, et mises en rotation, les étoffes feront apparaître à vos yeux une série de zones claires et sombres, mouvantes. Ces figures d'interférences, dues à la superposition des trames, sont parfois appelées « franges moirées ».

Quand l'ouverture ou la lentille est circulaire, comme c'est le cas pour nos yeux et la plupart du temps pour les systèmes optiques, la tache centrale et les bandes qui l'entourent forment une série de cercles concentriques appelés anneaux d'Airy (ou disque d'Airy) du nom de physicien écossais George Airy, qui les découvrit au XIXe siècle.

1822

Fraunhofer invente le spectromètre

Champ proche La diffraction de Fraunhofer survient très souvent mais si la source lumineuse est placée près de l'ouverture, une figure un peu différente peut émerger. Les rayons incidents ne sont pas parallèles et les fronts d'onde arrivant à l'ouverture sont courbes plutôt que droits. Dans ce cas, une figure d'interférence différente apparaît, dans laquelle les bandes ne sont plus espacées régulièrement. La série de fronts d'onde incidents prend la forme d'un ensemble de surfaces courbes concentriques, comme des pelures d'oignon, toutes séparées d'une longueur d'onde, avec la source lumineuse au centre. Quand ces fronts d'onde ronds atteignent le plan de l'ouverture, celle-ci coupe à travers eux comme un couteau à travers les pelures d'oignon. À travers l'ouverture, ceci apparaît comme un ensemble d'anneaux, chacun correspondant à une zone où les ondes incidentes sont espacées d'une longueur d'onde les unes par rapport aux autres.

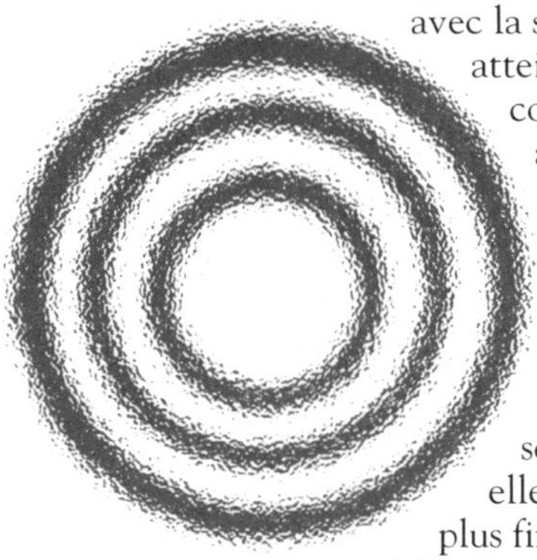
Diffraction de Fraunhofer

Pour comprendre comment ces rayons courbés se mêlent, il faut additionner les contributions de tous les anneaux présents au niveau de l'ouverture. Sur un écran, une alternance de bandes sombres et claires apparaîtra, comme pour les rayons parallèles, mais elles ne seront pas régulièrement espacées : les bandes seront d'autant plus fines que l'on s'écartera du centre. Ce phénomène porte le nom de diffraction de Fresnel, d'après Augustin Fresnel, le savant français qui le découvrit au XIXe siècle.

Fresnel réalisa également qu'en modifiant l'ouverture, on pouvait modifier les phases des rayons traversant et ainsi changer la figure résultante. Il utilisa cette idée pour construire un nouveau type de lentille ne laissant passer que les ondes en phase. On pourrait faire ceci avec une série de cercles correspondant exactement aux positions, par exemple, des creux de l'onde au moment du passage à travers l'ouverture, si bien que seuls les crêtes passeraient, conduisant à une quasi-absence d'interférences. On pourrait aussi décaler les creux d'une demi-longueur d'onde et les retransmettre, de sorte qu'ils se retrouvent en phase avec l'onde non bloquée. En insérant des anneaux de verre plus épais aux bons endroits, on peut décaler la phase comme on le souhaite.

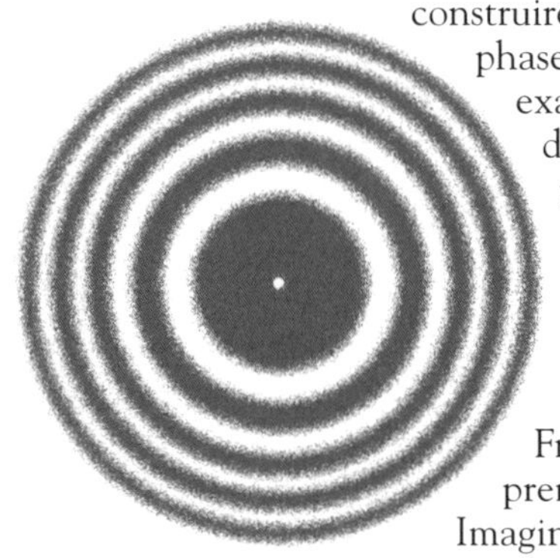
Diffraction de Fresnel

Fresnel construisit lui-même des lentilles basées sur ce principe ; la première fut installée dans un phare sur la côte française en 1822. Imaginez des verres de lunettes agrandis au format correspondant à un phare de 15 mètres de haut – la solution de Fresnel ne nécessitait qu'une série

L'expérience des fentes d'Young

Par sa célèbre expérience de 1801, Thomas Young sembla prouver définitivement la nature ondulatoire de la lumière. En faisant passer de la lumière à travers deux fentes, il observa non seulement la superposition de deux figures de diffraction, mais aussi des bandes supplémentaires, dues aux interférences entre les rayons lumineux passés par l'une ou l'autre des fentes. Les rayons interféraient à nouveau pour donner des bandes alternativement sombres et claires, mais avec une séparation correspondant à l'inverse de la distance entre les fentes. Ainsi des bandes plus fines apparaissaient conjointement aux larges bandes de la figure de diffraction. Plus on ajoutait de fentes parallèles, plus la seconde figure d'interférences devenait nette.

d'anneaux de verre assez grands mais plutôt minces, chacun ne pesant qu'une fraction du poids d'une lentille convexe. Les lentilles de Fresnel sont utilisées pour la mise au moins des phares de voiture, et l'on en trouve parfois également sur les lunettes arrières des véhicules pour aider le conducteur lors des manœuvres.

Réseaux Fraunhofer élargit son étude des interférences en construisant le premier réseau de diffraction. Un réseau comporte une série d'ouvertures, par exemple une rangée de fentes parallèles – en multipliant les ouvertures, on ajoute des caractéristiques d'interférence à la lumière transmise.

Parce qu'elle exhibe diffraction et interférences, la lumière se comportent dans tous ces cas comme une onde. Mais il n'en va pas toujours ainsi. Einstein et d'autres ont montré que, parfois, si l'on y regarde bien, la lumière ne se comporte pas uniquement comme une onde mais aussi comme des particules. De cette observation a découlé la mécanique quantique. Étonnamment, dans les versions quantiques de l'expérience des fentes d'Young la lumière sait si elle doit se comporter comme une onde ou comme des particules et elle change de nature simplement parce que nous la regardons, comme nous le verrons plus tard.

idée clé
Interférences des ondes lumineuses

19 L'effet Doppler

Nous avons tous entendu la sirène d'une ambulance perdre de la hauteur sur son passage. Les ondes provenant d'une source qui se rapproche de nous sont comprimées et semblent donc avoir une fréquence plus haute ; de même, les ondes provenant d'une source qui s'éloigne sont étirées et leur fréquence diminue. C'est ce que l'on appelle l'effet Doppler. On l'utilise pour mesurer la vitesse des voitures ou celle du sang, et les mouvements des étoiles et des galaxies dans l'Univers.

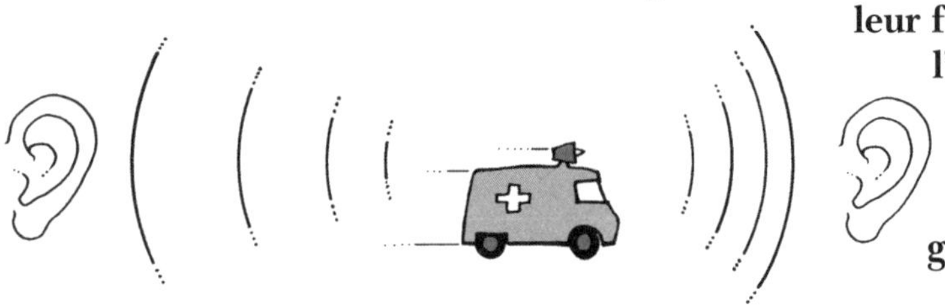

Quand une ambulance vous dépasse à toute vitesse dans la rue, la hauteur du hurlement de sa sirène change : plus aiguë quand elle approche et plus basse quand elle s'éloigne. Ce changement s'appelle effet Doppler, du nom du mathématicien et astronome autrichien Christian Doppler qui en a proposé le principe en 1842. Il est dû au mouvement du véhicule source par rapport à l'observateur. Quand le véhicule approche, ses ondes sonores s'empilent les unes sur les autres, la distance entre les fronts d'onde est comprimée et le son gagne en hauteur. Quand il s'éloigne, les fronts d'ondes mettent plus longtemps à vous atteindre, les intervalles sont plus longs et le son est plus bas. Les ondes sonores correspondent à une compression de l'air.

Va-et-vient Imaginez que quelqu'un, sur une plateforme mobile ou un train vous envoie des balles à une fréquence d'une toutes les trois secondes, comptées sur sa montre. S'il s'approche de vous, il y aura toujours un peu moins de trois secondes entre la réception de deux balles successives car la distance à parcourir s'amoindrit continuellement. De même, quand la plateforme s'éloigne, il faut toujours un peu plus de temps aux balles pour arriver, elles doivent à chaque lancer parcourir un petit peu plus de distance, et leur fréquence d'arrivée sera inférieure à leur fréquence de

chronologie

1842
Doppler présente son article sur le décalage du spectre des étoiles

CHRISTIAN DOPPLER 1803–1853

Christian Doppler naquit dans une famille de maçons à Salzbourg, en Autriche. Il se révéla trop frêle pour reprendre l'entreprise familiale et partit à Vienne étudier les mathématiques, la philosophie et l'astronomie. Avant d'obtenir un poste universitaire à Prague, Doppler dut travailler comme libraire et songea même un temps à s'expatrier en Amérique. Même une fois devenu professeur, Doppler peinait à assurer sa charge d'enseignement et sa santé s'en ressentait. Un de ses amis écrivit : « Il est difficile de se rendre compte quel génie fructueux l'Autriche a en cet homme. J'ai écrit [...] à beaucoup de gens qui pourraient épargner Doppler au bénéfice de la science plutôt que de le laisser mourir sous le joug. Malheureusement, je crains le pire. » Doppler finit par quitter Prague pour retourner à Vienne. En 1842, il présenta un article décrivant le décalage chromatique dans la lumière stellaire, ce que nous appelons aujourd'hui effet Doppler.

« L'on peut presque accepter avec certitude le fait que ceci offrira aux astronomes, dans un futur relativement proche, un moyen bienvenu de déterminer les mouvements et les distances de ces étoiles qui, en raison des distances incommensurables qui les séparent de nous et de la subséquente petitesse des angles de parallaxe, n'offraient jusqu'à ce jour que bien peu d'espoir de pouvoir faire l'objet de telles mesures. »

Bien que considéré comme intéressant et novateur, l'article de Doppler reçut un accueil mitigé de la part des autres scientifiques. Les détracteurs de Doppler mettaient en doute ses capacités mathématiques, cependant que ses amis tenaient en haute estime sa créativité et son intuition scientifiques.

lancer. Si vous pouviez mesurer le décalage de fréquence avec votre propre montre, vous pourriez en déduire la vitesse du train. L'effet Doppler s'applique à tous les objets animés d'un mouvement relatif. Le même phénomène se produirait si c'était vous qui étiez sur un train et le lanceur sur le quai. L'effet Doppler, en ce qu'il permet de mesurer la vitesse, compte nombre d'applications. Il est utilisé en médecine pour mesurer la circulation sanguine et également par les radars sur le bord des routes pour confondre les conducteurs qui ne respectent pas les limitations.

1912
Vesto Slipher observe le décalage vers le rouge des galaxies

1992
Première planète extrasolaire découverte par la méthode Doppler

> **« Peut-être les gens recevant l'une de nos longueurs d'onde sur quelque lointaine planète n'entendent-ils rien d'autre qu'un cri continu. »**
>
> **Iris Murdoch, 1919–99**

Le mouvement spatial L'effet Doppler apparaît très souvent en astronomie, partout où l'on trouve de la matière en mouvement. Par exemple, la lumière provenant d'une planète en orbite autour d'une étoile lointaine subit un effet Doppler. Quand la planète se rapproche de nous, la fréquence augmente, et quand elle s'éloigne, la fréquence diminue. La lumière de la planète qui s'approche est dite « décalée vers le bleu », celle de la planète qui s'éloigne « décalée vers le rouge ». Des centaines de planètes en orbites autour d'étoiles lointaines ont été découvertes depuis le début des années 1990 en repérant de tels décalages encodés dans l'éclat lumineux de l'étoile.

Les décalages vers le rouge peuvent provenir non seulement des mouvements orbitaux des planètes mais aussi de l'expansion de l'Univers – on parle alors de décalage vers le rouge cosmologique. Si l'espace intermédiaire qui nous sépare d'une

Les planètes extrasolaires

Plus de deux cents planètes en orbite autour d'étoiles autres que notre Soleil ont été découvertes. La plupart sont des géantes gazeuses semblables à Jupiter mais beaucoup plus proches de leur étoile que celle-ci. Néanmoins, quelques planètes potentiellement telluriques, d'une taille semblable à celle de la Terre, ont été repérées. Environ une étoile sur dix compte des planètes, et ceci alimente les spéculations au sujet de la possibilité d'une vie extraterrestre. La grande majorité des planètes extrasolaires ont été détectées en observant l'attraction gravitationnelle qu'elles exercent sur leurs étoiles. Les planètes sont en effet très petites comparées aux étoiles et il est difficile de les repérer dans la lumière aveuglante de leur astre. Mais la masse de la planète entraîne une légère oscillation de l'étoile autour de sa position moyenne, et cette oscillation peut être détectée sous la forme d'un effet Doppler dans la fréquence d'une certaine grandeur caractéristique du spectre d'une étoile.

Les premières planètes extrasolaires furent repérées autour d'un pulsar en 1992 et autour d'une étoile en 1995. Leur détection est désormais routinière mais les astronomes sont toujours à la recherche de systèmes solaires semblables au nôtre et essaient de comprendre comment surviennent les diverses configurations planétaires. De nouveaux observatoires spatiaux, à savoir le télescope européen COROT (depuis 2006) et le Kepler américain (en 2008), devraient permettre de repérer beaucoup de planètes semblables à la Terre dans un futur proche.

galaxie enfle régulièrement au fil de l'expansion de l'Univers, cela est équivalent à un mouvement d'éloignement de la galaxie à une certaine vitesse, exactement comme deux points sur un ballon que l'on gonfle ont l'air de s'éloigner l'un de l'autre.

Par conséquent, la lumière de la galaxie est décalée vers des fréquences plus basses parce que les ondes doivent parcourir une distance toujours plus grande pour nous parvenir. Ainsi, des galaxies très lointaines apparaissent plus rouges que des galaxies proches. Stricto sensu le décalage cosmologique n'est pas un vrai effet Doppler parce que la galaxie n'est pas en mouvement relativement aux objets qui l'entourent. La galaxie est immobile dans son environnement, c'est l'espace intermédiaire qui s'agrandit.

Portons à son crédit le fait que Doppler lui-même sut voir que l'effet Doppler pourrait être utile aux astronomes – même s'il ne pouvait imaginer tout ce qui en découlerait. Il affirma l'avoir observé dans le spectre d'une étoile double, mais ceci fut très controversé à son époque. Doppler était un scientifique imaginatif et créatif mais son enthousiasme dépassait parfois ses compétences expérimentales. Des décennies plus tard, cependant, le décalage vers le rouge de certaines galaxies fut mesuré par l'astronome Vesto Slipher, préparant l'avènement du modèle du Big Bang. Et aujourd'hui, l'effet Doppler permet de repérer des mondes en orbite autour d'étoiles lointaines, mondes qui pourraient même se révéler habités.

idée clé
Belle hauteur

20 La loi d'Ohm

Pourquoi ne risquez-vous rien quand votre avion traverse un orage ? Comment les paratonnerres peuvent-ils sauver des immeubles ? Pourquoi les ampoules allumées ne baissent-elles pas en intensité à chaque fois vous en allumez une autre ? La loi d'Ohm apporte les réponses à ces questions.

L'électricité naît du mouvement de charges électriques. La charge électrique est une propriété élémentaire des particules subatomiques qui régit leur interaction avec les champs électromagnétiques. Ces champs créent des forces qui s'exercent sur les particules chargées. La charge globale, comme l'énergie, se conserve : on ne peut la créer ni la détruire, mais on peut la déplacer.

La charge peut être positive ou négative. Des particules de charge opposée s'attirent, des particules de même charge se repoussent. Les électrons ont une charge négative (mesurée par Robert Millikan en 1909) et les protons ont une charge positive. Cependant, toutes les particules subatomiques ne sont pas chargées ; les neutrons, comme leur nom l'indique, n'ont pas de charge et sont « neutres ».

L'électricité statique L'électricité peut demeurer statique, sous la forme d'une distribution fixée de charges, ou bien se déplacer, sous la forme d'un courant électrique. De l'électricité statique s'accumule à chaque fois que des particules chargées bougent de telle sorte que des charges opposées s'accumulent en des lieux différents. Si vous frottez un peigne en plastique sur votre manche, par exemple, il se charge et vous pouvez avec lui attraper de petits objets portant des charges du signe opposé, par exemple des boulettes de papier.

La foudre apparaît de la même manière, les frottements entre molécules dans les turbulents nuages d'un orage conduisant à une accumulation de charges électriques libérées brusquement sous la forme d'un éclair. Les éclairs peuvent mesurer plusieurs kilomètres de long et atteindre des températures de plusieurs milliers de degrés Celsius.

chronologie

1752
Franklin réalise ses expériences sur la foudre

1826
Ohm publie sa loi

BENJAMIN FRANKLIN 1706–1790

Né à Boston, aux États-Unis, Benjamin Franklin était le quinzième et dernier fils d'un marchand de chandelles et de savon. Bien qu'encouragé à devenir pasteur, Ben se retrouva imprimeur. Même après avoir atteint la célébrité, il continua d'ailleurs à signer ses lettres d'un modeste « B. Franklin, imprimeur ». Franklin publia le *Poor Richard's Almanach* qui le rendit célèbre à travers des citations aussi mémorables que : « L'odeur du poisson et des visiteurs reste trois jours. » Franklin fut un inventeur de génie - il conçut le paratonnerre, l'harmonica de verre, les lentilles bifocales et bien d'autres choses encore – mais il était avant tout fasciné par l'électricité. En 1752, il réalisa son expérience la plus célèbre, tirant des éclairs d'un nuage d'orage à l'aide d'un cerf-volant. Vers la fin de sa vie, Franklin contribua à la vie publique, créant les premières bibliothèques publiques, les premiers hôpitaux et les premières brigades de pompiers volontaires d'Amérique. Il se battit aussi en faveur de l'abolition de l'esclavage. Il devint homme politique, en charges des relations diplomatiques entre les États-Unis, la Grande Bretagne et la France pendant et après la Guerre d'Indépendance. Il fut membre du Comité des Cinq qui rédigea la Déclaration d'Indépendance de 1776.

En mouvement Le courant électrique, celui que nous utilisons à la maison, est un mouvement de charges. Les fils métalliques conduisent l'électricité parce que les électrons, dans les métaux, ne sont pas liés à des noyaux atomiques particuliers et peuvent donc être facilement mis en mouvement. On dit que les métaux sont des conducteurs. Les électrons se déplacent dans un fil de métal comme l'eau dans un tuyau. Dans d'autres matériaux, ce peut être les charges positives qui se déplacent. Quand certains composés chimiques sont dissous dans l'eau, par exemple, ce sont à la fois les électrons et les noyaux chargés positivement (ions) qui sont libres de se déplacer. Les matériaux conducteurs comme les métaux laissent les charges se déplacer facilement. Les matériaux qui ne laissent pas passer l'électricité, comme la céramique ou le plastique, sont dits isolants. Ceux qui ne conduisent le courant que dans certaines circonstances sont appelés semi-conducteurs.

Comme la gravitation, un courant électrique peut être créé par un gradient, en l'occurrence une différence de champ électrique ou de potentiel électrique. Donc, tout comme une différence de hauteur (de potentiel gravitationnel) entraîne l'écoulement d'une rivière, une différence de potentiel électrique entre les deux extrémités d'un matériau conducteur entraîne l'apparition d'un courant de charges à travers le conducteur. La « différence de potentiel », ou tension, ou encore voltage, génère le courant et donne de l'énergie aux charges.

1909

Millikan mesure la charge de l'électron

En 1752, à Philadelphie, Benjamin Franklin réussit avec succès à « extraire » de l'électricité d'un nuage d'orage, à l'aide d'un cerf-volant.

Résistance Quand la foudre tombe, la décharge électrique traverse l'air ionisé très rapidement pour atteindre le sol. Ce faisant, elle annule la différence de potentiel qui lui a donné naissance – la foudre transporte donc un courant phénoménal. C'est ce courant, et non la différence de potentiel, qui peut vous tuer, en traversant votre corps. En pratique, les charges ne peuvent se déplacer à des vitesses aussi grandes dans les corps car elle rencontre une résistance qui limite le courant en dissipant de l'énergie électrique sous forme de chaleur. Ainsi, pour éviter d'être tué par la foudre, vous pourriez essayer de vous tenir debout sur un matériau isolant ; un tapis en caoutchouc par exemple, doté d'une résistance très grande. Ou vous pourriez vous réfugier dans une cage métallique car le courant passe plus librement et donc plus volontiers à travers les barres métalliques qu'à travers votre corps qui, constitué essentiellement d'eau, n'est pas bon conducteur. Ce dispositif s'appelle une cage de Faraday, d'après Michael Faraday qui construisit la première en 1836. Dans le cas d'un champs électrique environnant une cage de Faraday – un conducteur creux –, toute la charge est portée par l'extérieur de la cage, l'intérieur étant complètement neutre. Ces cages constituèrent d'utiles dispositifs de sécurité pour les scientifiques du XIXe siècle travaillant avec des décharges électriques artificielles. Elles servent encore aujourd'hui à protéger certains équipements électroniques et expliquent aussi pourquoi, lorsque votre avion traverse un orage, vous ne risquez rien, même si l'avion est foudroyé. Vous êtes de même protégé dans une voiture métallique, sauf si vous vous garez près d'un arbre.

Le paratonnerre de Benjamin Franklin fonctionne sur le même principe : il offre un chemin de faible résistance à la foudre, qui préférera l'emprunter plutôt que de relâcher son énergie dans le bâtiment qu'elle frappe, dont la résistance est plus élevée. Les paratonnerres sont pointus parce que les pointes, en comprimant le champ électrique près de leur extrémité rendent plus probable le passage du courant par ce point. Les grands arbres concentrent eux aussi le champ, voilà pourquoi s'abriter sous un arbre pendant un orage n'est pas une bonne idée.

La foudre

Peut-être ne tombe-t-elle jamais deux fois au même endroit mais, en moyenne, la foudre frappe la surface de la Terre une centaine de fois par seconde, soit 8,6 millions de fois par jour. Aux États-Unis, ce sont 20 millions d'impacts de foudres qui sont recensés chaque année, pour environ 100 000 orages.

Les circuits Les courants électriques parcourent des boucles appelées circuits. Le mouvement du courant et les échanges d'énergie dans un circuit peuvent être décrits de la même manière que l'eau circulant dans des tuyaux. L'intensité est semblable au débit, la tension (ou voltage) est semblable à la pression et la résistance équivaut au diamètre du tuyau.

Georg Ohm publia en 1826 une des lois les plus utiles pour l'étude des circuits. La loi d'Ohm s'écrit mathématiquement $U = RI$, ce qui signifie que la tension (ou différence de potentiel) U est égale au produit de l'intensité I par la résistance R. D'après la loi d'Ohm, la tension est donc proportionnelle à l'intensité et à la résistance. Multipliez la tension par deux aux bornes d'un circuit et l'intensité du courant qui le parcourt le sera également tant que la résistance demeurera inchangée. Pour que le courant reste le même, il faudrait une résistance deux fois plus grande. Intensité et résistance sont en relation inverse, augmenter la résistance conduit donc à une diminution de l'intensité. La loi d'Ohm s'applique même à des circuits complexes avec plusieurs boucles. Le circuit le plus simple consiste en une ampoule reliée à une batterie par du fil. La batterie fournit la différence de potentiel nécessaire pour que le courant parcoure le fil et le filament de tungstène de l'ampoule offre une résistance au passage du courant, convertissant l'énergie électrique en lumière et chaleur. Qu'arriverait-il si l'on insérait une seconde ampoule dans le circuit ? D'après la loi d'Ohm, si les deux ampoules sont placées l'une à la suite de l'autre, la résistance sera doublée et la tension aux bornes de chacune d'elles de même que l'énergie électrique disponible seront partagées entre les deux ampoules, chacune brillant alors d'un éclat moindre. Ce ne serait pas très utile pour éclairer sa maison – à chaque fois que l'on ajouterait une ampoule dans une pièce, leur éclat diminuerait.

Cependant, en connectant la deuxième ampoule dans une boucle dérivée aux bornes de la première, chacune bénéficiera de toute la différence de potentiel. Le courant se divise au premier nœud et traverse chaque ampoule séparément avant de se recombiner, de sorte que la seconde ampoule brille avec le même éclat que la première. Ce type de circuit est un « circuit parallèle ». Le circuit où les résistances sont placées l'une à la suite de l'autre s'appelle « circuit série ». La loi d'Ohm permet de calculer les tensions et intensités dans n'importe quel circuit, en n'importe quel point de celui-ci.

idée clé
La théorie des circuits

21 La règle de la main droite

Il vous est peut-être arrivé d'utiliser une dynamo pour alimenter les lumières de votre bicyclette. Un embout frotte contre le pneu et fait tourner l'axe de la dynamo, ce qui produit une tension suffisante pour allumer deux ampoules. Plus vous roulez vite, plus les lumières brillent. Cela fonctionne grâce au courant induit dans la dynamo – la direction de ce courant est donnée par la célèbre règle de la main droite.

L'induction électromagnétique permet de passer d'une forme à une autre de champs électrique et magnétique. On l'utilise dans les transformateurs qui régulent la transmission de l'énergie sur le réseau électrique, dans les adaptateurs de voyage et même dans les dynamos des bicyclettes. Lorsqu'un champ magnétique variable baigne une bobine de fil, une force apparaît qui s'exerce sur les charges à l'intérieur du fil, force qui les met en mouvement et crée donc un courant électrique.

« Faraday lui-même baptisa sa découverte “magnétisation de la lumière” et “éclairage des lignes de force magnétique”. »

Pieter Zeeman, 1903

Cachés à l'intérieur de la dynamo se trouvent un aimant et une bobine de fil. La rotation de l'axe de la dynamo grâce au frottement de l'embout sur le pneu fait tourner l'aimant à l'intérieur de la bobine. La rotation de l'aimant produit un champ magnétique variable, les charges (électrons) à l'intérieur du fil sont mises en mouvement et un courant électrique apparaît. On dit que le courant est induit dans la bobine via le phénomène de l'induction électromagnétique.

Avec les mains La direction du courant induit est donnée par la règle de la main droite, énoncée par l'ingénieur écossais John Ambrose Fleming. Prenez votre main droite et pointez le pouce vers le haut, l'index vers l'avant et le majeur vers la gauche, à angle droit avec l'index. Pour un conducteur en

chronologie

1745 Invention des bouteilles de Leyden

1820 Ørsted découvre le lien entre électricité et magnétisme mouvement dans la direction indiquée par le pouce, et un champ magnétique pointant dans la direction de l'index, un courant induit circulera le long du conducteur dans la direction donnée par le majeur, les trois doigts étant bien sûr à angle droit les uns avec les autres. Cette règle de la main droite est aisée à retenir.

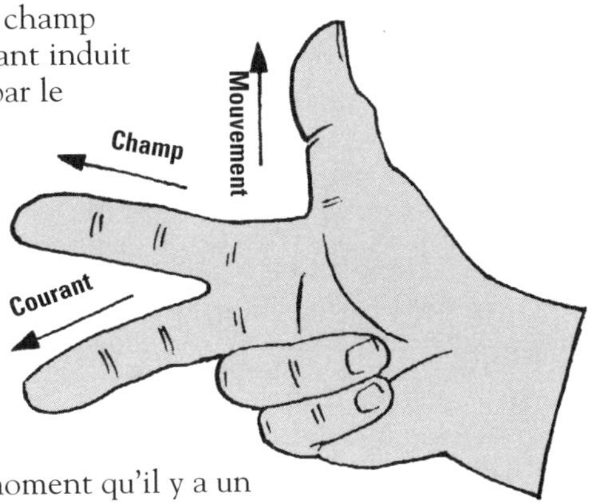

Le courant induit peut être renforcé en augmentant le nombre de spires dans la bobine, de telle sorte que les variations du champ magnétique soient plus nombreuses sur la longueur du fil, ou en faisant bouger l'aimant plus rapidement. C'est pourquoi les lumières des bicyclettes brillent plus fort lorsque l'on roule plus vite. Peu importe d'ailleurs que ce soit l'aimant ou la bobine qui bouge du moment qu'il y a un mouvement relatif.

La relation entre le champ magnétique variable et la force électrique qu'il induit est donnée par la loi de Faraday. La force induite, appelée, force électromotrice (souvent abrégée en fém), est donnée par le nombre de spires de la bobine multiplié par le taux de variation du flux magnétique (flux qui augmente avec l'intensité du champ magnétique et avec la surface de la bobine). La direction du courant induit est toujours tel que celui-ci s'oppose à la cause qui lui a donné naissance (c'est la loi de Lenz). Si ce n'était pas le cas, tout le système s'auto-amplifierait et le principe de conservation de l'énergie serait violé.

Faraday L'induction électromagnétique fut découverte par Michael Faraday dans les années 1830. Faraday, physicien britannique, devint célèbre par ses expériences sur l'électricité. Il montra non seulement que des aimants flottant dans un bain de mercure tournaient sur eux-mêmes – il découvrit ainsi le principe du moteur électrique – mais il démontra également que la lumière est affectée par la présence de champs magnétiques. Observant que l'on pouvait faire tourner le plan de polarisation d'un faisceau lumineux à l'aide d'un aimant, il en déduisit que la lumière elle-même devait être de nature électromagnétique.

Avant Faraday, les scientifiques pensaient qu'il existait de nombreux types d'électricité, qui se manifestaient dans différentes situations. Ce fut Faraday qui montra que tous ces types pouvaient être décrits dans un seul et même cadre basé sur

1831
Faraday découvre l'induction électromagnétique

1873
Maxwell publie ses équations de l'électromagnétisme

1892
Fleming présente sa théorie des transformateurs

MICHAEL FARADAY 1791–1867

Autodidacte, le physicien Michael Faraday apprit dans les livres alors qu'il était apprenti relieur. Jeune homme, Faraday assista à quatre conférences du chimiste Humphry Davy à la Royal Institution de Londres et en fut si impressionné qu'il écrivit à Davy pour solliciter un emploi. Après un refus initial, Faraday fut engagé, passant l'essentiel de son temps à aider d'autres personnes à la Royal Institution, mais travaillant également sur les moteurs électriques. En 1826, il lança les Conférence du vendredi soir à la Royal Institution et les conférences de Noël, qui existent encore aujourd'hui. Faraday travailla avec ardeur sur l'électricité, découvrant l'induction électromagnétique en 1831. Reconnu comme un expérimentateur hors pair, il fut nommé à divers postes officiels, dont celui de conseiller scientifique à la Trinity House, où il aida à l'installation de la lumière électrique dans les phares. Aussi étonnant que cela puisse peut-être paraître, Faraday refusa d'être anobli et refusa la présidence de la Royal Society (non pas une mais deux fois). Quand sa santé déclina, Faraday alla passer ses derniers jours à Hampton Court, dans la maison que lui avait donnée le Prince Albert en reconnaissance de ses nombreuses contributions à la science.

le mouvement des charges. Faraday n'était pas mathématicien, on alla jusqu'à dire qu'il était « analphabète mathématiquement parlant », mais ses idées sur les champs électrique et magnétique furent reprises par James Clerk Maxwell, autre physicien britannique, qui les condensa en quatre équations célèbres qui forment encore aujourd'hui un des fondements de la physique moderne (cf. page 88).

« Rien n'est trop merveilleux pour peu que ce soit cohérent avec les lois de la nature. »

Michael Faraday, 1849

Charge en stock Le nom de Faraday a été donné à une unité de charge électrique, le farad, qui s'applique aux condensateurs. Les condensateurs sont des composants électroniques qui peuvent stocker temporairement une charge électrique ; ils apparaissent fréquemment dans les circuits. Par exemple, le flash sur un appareil photo jetable se charge grâce à un condensateur (pendant que vous attendez que le voyant s'allume). Lorsque vous pressez le bouton, la charge est libérée pour créer le flash lumineux au moment où la photo est prise. Même avec une batterie ordinaire, la tension qui s'accumule peut être considérable, de l'ordre de plusieurs centaines de volts, et vous ressentiriez un violent petit choc si vous touchiez le condensateur.

Le condensateur le plus simple consiste en deux plaques métalliques parallèles séparées par une couche d'air. Mais un condensateur peut être un sandwich de presque n'importe quels matériaux, du moment que le « pain » est conducteur et la « garniture » ne l'est pas. Le système le plus ancien date du XVIIIe siècle et était constitué de bouteilles de verre, appelées « bouteilles de Leyden », dont la surface intérieure était recouverte de métal. De nos jours, ces « sandwichs » sont faits d'aluminium, de niobium, de papier, de polyester et de Teflon. Si un condensateur est relié à une batterie, lorsqu'on allume la batterie des charges de signes opposés s'accumulent sur les plaques. Lorsqu'on l'éteint, les charges sont évacuées sous la forme d'un courant. Ce courant diminue parce que la « pression » diminue à mesure que la différence de charges accumulées diminue. Comme charger et décharger des condensateurs prend du temps, ils peuvent ralentir substantiellement le flux de charges dans le circuit. On utilise souvent des condensateurs avec bobines à induction (des bobines qui peuvent ajouter des courants induits) pour construire des circuits dans lesquels la charge oscille.

Les transformateurs L'induction électromagnétique n'est pas seulement utilisée dans les dynamos ou les moteurs mais aussi dans les transformateurs électriques. Un transformateur fonctionne en générant un champ magnétique variable puis en utilisant ce champ pour induire un courant secondaire dans une bobine voisine. Un transformateur simple consiste en un anneau magnétique avec deux bobines de fils séparées placées autour de lui. Un champ électrique variable dans la première bobine entraîne des oscillations de champ magnétique dans l'aimant ; le champ magnétique variable induit ensuite un nouveau courant dans la deuxième bobine.

Par la loi de Faraday, la magnitude du courant induit dépend du nombre de spires dans la bobine, et le transformateur peut donc être conçu pour ajuster le courant sortant. Quand l'électricité doit parcourir un réseau national, il est plus sûr et plus efficace de la transporter sous la forme d'un courant de faible intensité et de très haute tension. On place des transformateurs aux deux bouts du réseau, augmentant la tension pour diminuer l'intensité dans la distribution, et diminuant la tension aux niveaux des points d'utilisation. Comme vous le savez si vous avez déjà touché le bloc d'alimentation d'un ordinateur ou un adaptateur de voyage, les transformateurs ne présentent pas une efficacité de 100 % : ils chauffent et vibrent souvent, perdant de l'énergie sous forme de son, de vibration et de chaleur.

idée clé
La loi de l'induction

22 Les équations de Maxwell

Les quatre équations de Maxwell constituent une pierre angulaire de la physique moderne et l'avancée la plus importante depuis la théorie de la gravitation universelle. Elles décrivent comment les champs électrique et magnétique sont en réalité deux facettes d'un même objet, deux manifestations d'un même phénomène : l'onde électromagnétique.

Au début du XIXe siècle, les expérimentateurs s'étaient aperçus qu'électricité et magnétisme pouvaient être changés l'un en l'autre. Mais ce fut James Clerk Maxwell qui réalisa l'une des plus grandes avancées de la physique moderne lorsqu'il réussit à décrire l'électromagnétisme dans son intégralité par seulement quatre équations.

Ondes électromagnétiques Les forces électriques et magnétiques agissent sur les particules chargées et les aimants. Des champs électriques variables génèrent des champs magnétiques et vice versa. Maxwell expliqua comment les deux types de champ provenaient du même phénomène, une onde électromagnétique possédant à la fois des caractéristiques électriques et magnétiques. Les ondes électromagnétiques se composent d'un champ électrique qui varie, accompagné d'un champ magnétique qui varie lui aussi mais à angle droit avec le précédent.

Maxwell mesura la vitesse des ondes électromagnétiques dans le vide, montrant qu'elle était essentiellement la même que la vitesse de la lumière. Combiné aux travaux d'Hans Christian Ørsted et de Faraday, ceci confirmait que la lumière elle-même était une perturbation électromagnétique se propageant comme une onde. Maxwell démontra que les ondes lumineuses, et toutes les ondes électromagnétiques, voyagent dans le vide à la vitesse constante de 300 millions de mètres par seconde. Cette vitesse est fixée dans l'absolu par les propriétés électriques et magnétiques du vide.

chronologie

1600 William Gilbert étudie l'électricité et le magnétisme

1752 Benjamin Franklin réalise ses expériences sur la foudre

1820 Ørsted fait le lien entre électricité et magnétisme

1824 Ampère publie sa théorie mathématique des phénomènes électrodynamiques

Les ondes électromagnétiques peuvent avoir toute une gamme de longueurs d'onde et couvrent tout un spectre au-delà et en deçà de la lumière visible. Les ondes radio sont celles qui ont les plus grandes longueurs d'onde (plusieurs mètres voire plusieurs kilomètres), la lumière visible possède des longueurs d'onde comparables à l'espacement entre les atomes dans la matière, tandis qu'aux plus hautes fréquences viennent les rayons X et les rayons gamma. Les ondes électromagnétiques trouvent des applications essentiellement dans les télécommunications, à travers la transmission d'ondes radio, de signaux télévisuels ou des signaux de téléphones portables. Elles peuvent fournir de la chaleur, comme dans les fours à micro-ondes et sont souvent utilisées comme sondes (par exemple dans l'usage médical des rayons X ou dans les microscopes électroniques).

> **« Nous ne pouvons guère éviter d'en conclure que la lumière consiste en des ondulations transverses de ce même médium qui est la cause des phénomènes électriques et magnétiques. »**
>
> **James Clerk Maxwell, vers 1862**

La force exercée par les champs électromagnétiques est l'un des quatre forces fondamentales de la nature, avec la gravitation et les forces nucléaires faible et forte, qui assurent la cohésion des atomes et des noyaux. Les forces électromagnétiques jouent un rôle crucial en chimie où elles lient les ions pour former des composés chimiques et des molécules.

Champs Maxwell commença par essayer de comprendre les travaux de Faraday qui donnaient une description expérimentale des champs électrique et magnétique. En physique, les champs sont une manière de transmettre des forces à distance. La gravitation agit à travers les vastes étendues de l'espace, dans lequel on dit qu'elle produit un champ gravitationnel. De même, les champs magnétique et électrique peuvent agir sur des particules chargées à des distances assez grandes. Si vous avez déjà joué avec des paillettes de fer répandues sur une feuille en dessous de laquelle se trouvait un aimant, vous avez pu voir que la force magnétique orientait les paillettes selon des boucles allant du pôle nord vers le pôle sud de l'aimant. Aussi, la force de l'aimant décroît lorsque l'on s'en éloigne. Faraday appelait ces boucles des « lignes de champ » et établit des règles simples. Il décrivit également des lignes similaires pour des objets chargés

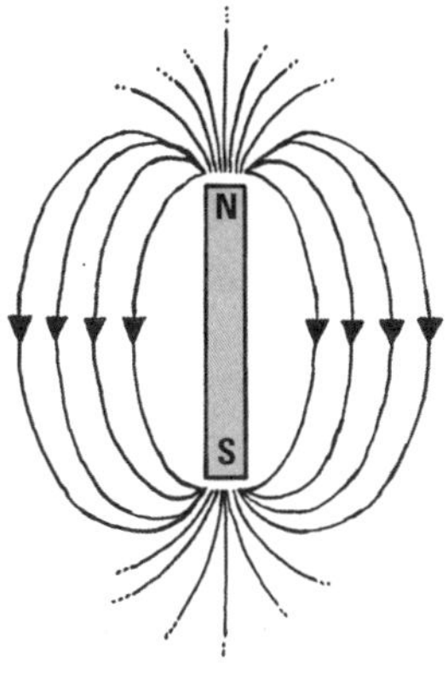

1831 Faraday découvre l'induction électromagnétique

1873 Maxwell publie ses équations de l'électromagnétisme

1905 Einstein publie sa théorie de la relativité restreinte électriquement mais n'avait pas la formation mathématique nécessaire pour aller plus loin. Ce fut à Maxwell qu'il revint d'essayer d'unifier les diverses idées sur le sujet en une seule et même théorie mathématique.

Quatre équations À la surprise de tous les scientifiques, Maxwell réussit à décrire l'ensemble des divers phénomènes électromagnétiques avec seulement quatre équations fondamentales. Ces équations sont aujourd'hui si célèbres qu'elles figurent sur certains T-shirts, suivies de la mention « et la lumière fut ». Bien que nous ayons l'habitude de penser l'électromagnétisme comme une seule et même chose, l'idée était à l'époque radicale et aussi importante que si nous réussissions aujourd'hui à unifier physique quantique et gravitation.

$$\nabla \cdot D = \rho$$
$$\nabla \times H = J + (\delta D/\delta t)$$
$$\nabla \cdot B = 0$$
$$\nabla \times E = -(\delta B/\delta t)$$

Les équations de Maxwell

La première des équations de Maxwell est la loi de Gauss, du nom du physicien et mathématicien allemand Carl Friedrich Gauss, loi qui décrit la forme et la force du champ électrique généré par un objet chargé. La loi de Gauss est une loi en inverse carré, mathématiquement semblable à la loi de la gravitation universelle de Newton. Comme la gravitation, le champ électrique décroît loin de la surface d'un objet chargé, en raison inverse du carré de la distance. Le champ est donc quatre fois plus faible si vous êtes deux fois plus loin de sa source.

Bien qu'il n'existe à ce jour aucune preuve de la nocivité des ondes des téléphones portables, la loi en inverse carré explique pourquoi il est moins dangereux d'avoir une antenne relais près de chez soi plutôt que loin. Le champ de l'antenne diminue rapidement avec la distance, et devient très faible à votre niveau. Par contre, le

JAMES CLERK MAXWELL 1831–1979

James Clerk Maxwell naquit à Édimbourg, en Écosse. Il grandit à la campagne où il développa une grande curiosité pour le monde naturel. Après la mort de sa mère, on l'envoya à l'école à Édimbourg, où l'on se moqua de lui parce qu'il était très absorbé par son travail scolaire. Plus tard étudiant à Édimbourg puis Cambridge, Maxwell y fut perçu comme intelligent bien que désordonné. Après la fin de ses études, il poursuivit et étendit les travaux de Faraday sur l'électricité et le magnétisme et les mit en équations. Maxwell retourna en Angleterre lorsque son père tomba malade et essaya de trouver un poste à Édimbourg. On lui préféra son ancien mentor, et il rejoignit King's College à Londres où il effectua ses travaux les plus célèbres. Vers 1862, il montra par le calcul que les vitesses de la lumière et des ondes électromagnétiques étaient les mêmes et il publia 11 ans plus tard ses quatre équations de l'électromagnétisme.

champ de votre téléphone mobile est fort parce que sa source est tout près de votre tête. Or, plus l'antenne relais est proche de chez vous, moins votre téléphone utilise de puissance électromagnétique lorsque vous parlez. Néanmoins, les gens sont souvent irrationnels et craignent plus les antennes relais.

La seconde équation de Maxwell décrit la forme et l'intensité du champ magnétique, c'est-à-dire le dessin des lignes de champ magnétique, autour d'un aimant. Elle dit que les lignes de champ sont toujours des boucles fermées, allant du pôle nord vers le pôle sud de l'aimant. En d'autres termes, tout aimant possède un pôle nord et un pôle sud – il n'existe pas de monopôles magnétiques et un champ magnétique comporte un début et une fin. Cela vient de la théorie atomique, dans laquelle même les atomes peuvent posséder un champ magnétique, et le magnétisme à grande échelle résulte du fait que tous ces champs sont alignés. Si vous coupez un aimant en deux, vous retrouvez toujours un pôle nord et un pôle sud sur chaque moitié. La plus petite écharde d'aimant présente toujours deux pôles.

« N'importe quel idiot intelligent peut rendre les choses plus complexes… Mais il faut du génie – et beaucoup de courage pour aller dans la direction opposée. »

Citation attribuée à Albert Einstein, 1879–1955

Les troisième et quatrième équations sont similaires et décrivent l'induction électromagnétique. La troisième dit comment des courants variables produisent des champs magnétiques et la quatrième comment des champs magnétiques variables induisent des courants électriques. Cette dernière est connue sous le nom de loi de Faraday ou loi de l'induction.

Dans les années 1930, en essayant de mêler électromagnétisme et théorie quantique, le physicien britannique Paul Dirac prédit la possible existence de monopôles magnétiques. Aucun n'a cependant pu être observé à ce jour pour confirmer cette hypothèse.

Décrire autant de phénomènes en quelques équations simples fut un grand exploit, qui conduisit Einstein à mettre Maxwell sur un pied d'égalité avec Newton. Einstein incorpora les idées de Maxwell à ses théories de la relativité. Dans les équations d'Einstein, magnétisme et électricité sont des manifestations d'un même phénomène vues par des observateurs situés dans des référentiels différents ; un champ électrique dans un référentiel en mouvement sera vu comme un champ magnétique dans un autre référentiel. Peut-être fut-ce Einstein qui donna l'ultime confirmation de ce que les champs électrique et magnétique sont réellement une seule et même chose.

idée clé
… et la lumière fut

23 La loi de Planck

Pourquoi un feu rougeoie-t-il, et pourquoi l'acier, chauffé, devient-il d'abord rouge puis jaune et enfin blanc ? Max Planck décrivit ces changements de couleur en mêlant les théories physiques de la chaleur et de la lumière. En adoptant une description statistique de la lumière, plutôt que purement ondulatoire, l'idée révolutionnaire de Planck sema les germes de la physique quantique.

Dans un célèbre discours prononcé en 1963, le premier ministre britannique Harold Wilson s'émerveillait de « la blanche chaleur de cette révolution [technologique] ». Mais d'où vient l'expression « chauffé à blanc » ?

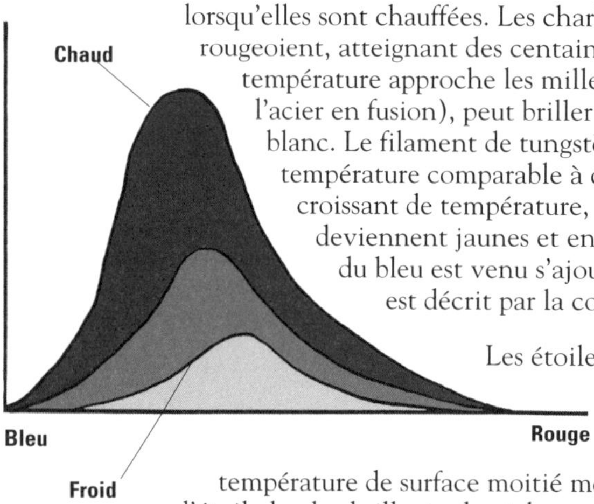

La couleur de la chaleur Nous savons tous que beaucoup de choses brillent lorsqu'elles sont chauffées. Les charbons du barbecue et les plaques électriques rougeoient, atteignant des centaines de degrés Celsius. La lave volcanique, dont la température approche les mille degrés (une température semblable à celle de l'acier en fusion), peut briller d'un éclat plus fort encore – orange, jaune voire blanc. Le filament de tungstène d'une ampoule atteint les 3 000 degrés, une température comparable à celle de la surface d'une étoile. En fait, en ordre croissant de température, les corps commencent par rougeoyer, puis ils deviennent jaunes et enfin blancs. Si la lumière paraît blanche, c'est que du bleu est venu s'ajouter au rouge et au jaune. Ce spectre chromatique est décrit par la courbe du rayonnement du corps noir.

Les étoiles suivent aussi cette séquence : plus elles sont chaudes, plus elles paraissent bleues. Le Soleil, à 6 000 kelvins, est jaune, tandis que la géante rouge Bételgeuse (dans Orion) a une température de surface moitié moindre. Les étoiles plus chaudes comme Sirius, l'étoile la plus brillante du ciel nocturne, dont la surface atteint un infernal 30 000 kelvins, paraissent blanc-bleu. Plus la température est élevée, plus est émise une lumière à haute fréquence, bleue. En fait, les étoiles les plus chaudes sont tellement « bleues » que la majeure partie de la lumière qu'elles rayonnent appartient à l'ultraviolet.

chronologie

1862
Gustav Kirchhoff utilise le terme de « corps noir »

1901
Planck publie sa loi sur le rayonnement du corps noir

MAX PLANCK 1858–1947

Max Planck grandit à Munich, en Allemagne. Caressant l'idée dune carrière musicale, il demanda conseil à un musicien qui lui répondit que s'il avait besoin de demander ce qu'il devait étudier, il ferait mieux de choisir une autre voie. Son professeur de physique ne se montra guère plus encourageant, lui disant que la physique en tant que science était complète et que rien de nouveau ne viendrait. Heureusement, Planck ignora ces remarques et poursuivit ses recherches, introduisant le concept de quanta. Plus tard, Planck eut à supporter la mort de sa femme et de plusieurs de ses enfants, dont deux fils tués dans les guerres mondiales. Planck demeura néanmoins en Allemagne et essaya d'y reconstruire la recherche en physique, après les guerres. De nos jours, de prestigieux instituts de recherche portent son nom outre-rhin.

Le rayonnement du corps noir Les physiciens du dix-neuvième siècle furent étonnés de découvrir que la lumière émise par un objet chauffé suivait le même motif quelle que soit la substance testée. La majeure partie de la lumière était émise à une fréquence donnée. Quand on élevait la température, la fréquence principale se décalait vers des longueurs plus courtes (bleues), du rouge au blanc-bleu, en passant par le jaune.

Ce n'est pas un hasard si l'on utilise le terme de rayonnement de corps noir. Les matériaux sombres sont ceux qui absorbent et émettent le mieux la chaleur. Si vous avez jamais porté un T-shirt noir un jour d'été, vous savez qu'il tient plus chaud au soleil qu'un T-shirt blanc. Le blanc renvoie mieux la lumière, c'est pourquoi, dans les pays chauds, les maisons sont souvent peintes en blanc. La neige renvoie la lumière du soleil aussi, et c'est pourquoi les climatologues craignent de voir la Terre se réchauffer plus rapidement si les calottes de glace des pôles venaient à fondre et à ne plus réfléchir autant de lumière solaire vers l'espace. Les objets noirs non seulement absorbent mais aussi libèrent la chaleur plus vite que les blancs. C'est pourquoi les poêles et les foyers de cheminées sont peints en noir – pas seulement pour cacher la suie !

> **« [La théorie du corps noir] fut un acte de désespoir, parce qu'il fallait trouver une interprétation théorique à tout prix, aussi cher que cela coûtât. »**
>
> **Max Planck, 1901**

1905

Einstein identifie le photon, remédiant ainsi à la catastrophe de l'ultraviolet

1996

Les données du satellite COBE permettent de déterminer avec précision la température du rayonnement micro-onde du fond cosmologique

Planck dans l'espace

Le spectre de corps noir le plus parfait que l'on connaisse nous vient d'une source cosmique. Le ciel est baigné d'un faible éclat de micro-ondes qui sont les restes lumineux du Big Bang lui-même, décalés vers le rouge par l'expansion de l'Univers. Cette lumière est appelée rayonnement micro-onde du fond cosmique ou rayonnement fossile. Dans les années 1990, le satellite COBE de la NASA (Cosmic Background Explorer, explorateur du fond cosmique) mesura la température de cette lumière – elle présente un spectre de corps noir à 2,73 kelvins, et une telle uniformité qu'elle demeure la plus pure courbe de corps noir jamais relevée. Aucun matériau sur Terre ne présente une température aussi précise. L'Agence Spatiale Européenne a récemment rendu hommage à Planck en donnant son nom à un satellite chargé de cartographier le rayonnement fossile plus en détail.

Une révolution Bien que les physiciens eussent relevé les courbes de rayonnement du corps noir, ils n'étaient pas parvenus à les mettre en équation ni à expliquer pourquoi la fréquence présentait une valeur prédominante. Des savants de premier plan, comme Wilhelm Wien, Lord Rayleigh ou James Jeans obtinrent des solutions partielles. Wien décrivit la queue de la courbe du côté bleu, tandis que Rayleigh et Jeans mettaient en équation la partie rouge — mais chacune des deux formules échouait à l'autre extrémité du spectre. La solution de Rayleigh et Jeans, particulièrement, posait problème car elle prédisait qu'une quantité infinie d'énergie devait être libérée à partir des secteurs ultraviolets du spectre, du fait de l'élévation continuelle de la courbe. Ce problème fut désigné sous le nom de « catastrophe ultraviolette ».

En essayant de comprendre le rayonnement du corps noir, le physicien allemand Max Planck rapprocha les théories physiques de la chaleur et de la lumière. Planck était un puriste qui aimait revenir aux principes fondamentaux pour démontrer de nouvelles idées. Il était fasciné par le concept d'entropie et par le second principe de la thermodynamique. Il considérait ce dernier et les équations de Maxwell comme des lois fondamentales de la nature et entreprit de prouver qu'il existait un lien entre les deux. Planck avait une foi totale en les mathématiques – si ses équations lui disaient que quelque chose était vrai, peu importait que tout le monde pensât le contraire. Ce ne fut qu'avec réticence qu'il rusa pour que ses équations fonctionnent. Son idée fut de traiter le rayonnement électromagnétique de la même manière que les spécialistes de thermodynamique avaient traité la chaleur. Tout comme la température correspondait au partage d'une énergie thermique entre un grand nombre de particules, Planck eut l'idée de décrire la lumière en allouant l'énergie électromagnétique à un ensemble d'oscillateurs électromagnétiques, de petites unités subatomiques du champ électromagnétique.

Pour que les équations fonctionnent, Planck accorda l'énergie de chaque oscillateur avec la fréquence, de sorte que $E = h\upsilon$, ou E est l'énergie, υ la fréquence de la lumière et h un facteur de proportionnalité appelé aujourd'hui constante de Planck. Ces unités furent baptisées « quanta », du latin signifiant « combien ».

Dans la nouvelle représentation des quanta d'énergie, les oscillateurs électromagnétiques à haute fréquence se voyaient tous attribuer beaucoup d'énergie. Il était donc impossible d'avoir un trop grand nombre d'entre eux sans faire voler en éclats la limite énergétique. De même, si vous receviez votre salaire mensuel en 100 coupures de diverses valeurs, vous recevriez essentiellement des coupures moyennes plus quelques grosses coupures et quelques petites. En cherchant la répartition la plus probable de l'énergie électromagnétique entre les nombreux oscillateurs, Planck parvint à un modèle dans lequel l'essentiel de l'énergie se concentrait sur les fréquences moyennes – ce qui correspondait au spectre du corps noir. En 1901, Planck publia cette loi, reliant ondes lumineuses et probabilités avec succès. On ne tarda pas à constater que cette nouvelle idée permettait de résoudre le problème de la « catastrophe ultraviolette ».

Les quanta de Planck n'étaient qu'un artifice de raisonnement pour établir les mathématiques de sa nouvelle loi ; il n'imagina pas un instant que les oscillateurs fussent réels. Mais, à une époque où la physique atomique se développait à grande vitesse, la nouvelle formulation de Planck eut des implications surprenantes. Planck avait semé les graines de ce qui allait devenir l'un des domaines les plus importants de la physique moderne : la théorie quantique.

idée clé
La facture énergétique

24 L'effet photoélectrique

Quand on éclaire une plaque de cuivre avec des ultraviolets, cela produit de l'électricité. Cet effet « photoélectrique » demeura un mystère jusqu'à ce qu'Albert Einstein, inspiré par Max Planck et son utilisation de quanta d'énergie, concocte l'idée d'une particule de lumière, le photon. Einstein montra que la lumière pouvait se comporter à la fois comme un flux de protons et comme une onde.

À l'aube du XXe siècle s'ouvrit une ère nouvelle pour la physique. Depuis le XIXe, il était bien connu que les ultraviolets pouvaient agir sur les électrons et faire apparaître un courant dans un métal ; pour comprendre ce phénomène, les physiciens durent inventer un langage totalement nouveau.

Les bleus L'effet photoélectrique correspond à l'apparition de courants électriques dans des métaux éclairés par de la lumière bleue ou ultraviolette – le phénomène ne se produisant pas avec de la lumière rouge. Même un faisceau très intense de lumière rouge ne peut faire apparaître un courant. Les charges ne se mettent en mouvement que lorsque la fréquence de la lumière dépasse une certaine valeur seuil, qui dépend de la nature du métal. Ce seuil indique qu'il faut accumuler une certaine quantité d'énergie avant de parvenir à mettre les charges en mouvement. Cette énergie doit provenir de la lumière, mais, à la fin du dix-neuvième siècle, le mécanisme qui rendait cela possible n'était pas connu. Les ondes électromagnétiques et les charges en mouvement semblaient être des phénomènes physiques très différents et la manière de les combiner demeurait mystérieuse.

> **« Sur toute chose on peut faire deux affirmations exactement contraires. »**
>
> **Protagoras, 485–421 av. J.-C.**

Les photons En 1905, Albert Einstein eut une idée radicalement nouvelle pour expliquer l'effet photoélectrique. Ce fut ce travail, plutôt que sa théorie de la relativité, qui lui valut le Prix Nobel en 1921. Inspiré par l'utilisation qu'avait faite Planck des quanta pour discrétiser l'énergie d'atomes

chronologie

1839
Alexandre Becquerel observe l'effet photoélectrique

1887
Hertz mesure les étincelles déclenchées, entre deux plaques de métal, par des rayons ultraviolets

1899
J. J. Thomson confirme que les électrons sont mis en mouvement pas la lumière incidente

chauds, Einstein imagina que la lumière ne pouvait elle aussi exister que sous la forme de petits paquets d'énergie. Einstein emprunta directement la définition mathématique des quanta de Planck, à savoir la relation de proportionnalité entre énergie et fréquence faisant intervenir la constante de Planck, mais l'appliqua à la lumière plutôt qu'aux atomes. Les quanta de lumière d'Einstein furent plus tard baptisés photons. Les photons n'ont pas de masse et ils se déplacent à la vitesse de la lumière.

Plutôt que d'essayer d'expliquer l'effet photoélectrique par un bain continu d'ondes lumineuses, Einstein suggéra que des photons individuels venaient frapper les électrons du métal et les mettre en mouvement. Chaque photon transportant une quantité donnée d'énergie, proportionnelle à sa propre fréquence, l'énergie de l'électron percuté est elle-même proportionnelle à la fréquence de la lumière. Un photon de lumière rouge (dont la fréquence est basse) ne peut pas transporter suffisamment d'énergie pour déloger un électron, mais un photon de lumière bleue (dont la fréquence est plus élevée) transporte plus d'énergie et le peut. Un photon ultraviolet transporte encore plus d'énergie et peut donc percuter violemment un électron et lui donner une vitesse encore plus grande. Augmenter l'intensité de la lumière ne change rien, cela n'a aucune importance d'avoir plus de photons rouges si chacun est incapable de déloger les électrons. Cela revient à envoyer des balles de ping-pong sur un gros 4 × 4. L'idée d'Einstein de quanta de lumière ne fut d'abord pas très bien accueillie, car elle allait contre la description de la lumière contenue et résumée dans les équations de Maxwell, que la plupart des physiciens vénéraient. Néanmoins, l'atmosphère changea lorsque les expériences révélèrent la justesse de la drôle d'idée qu'Einstein avait eue. Les résultats expérimentaux confirmèrent que l'énergie des électrons libérés était bien proportionnelle à la fréquence de la lumière.

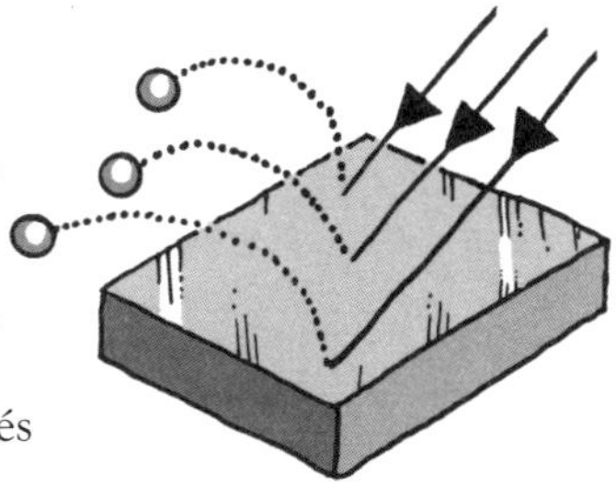

La dualité onde-corpuscule Non seulement la proposition d'Einstein était polémique, mais en plus elle débouchait sur l'idée on ne peut plus inconfortable que la lumière était à la fois onde et particules. Le comportement de la lumière jusqu'à ce que Maxwell écrivît ses équations avait toujours correspondu à celui d'une onde, diffractée par les obstacles, se réfléchissant, interférant. Mais là, Einstein secouait violemment la barque en montrant que la lumière était également un faisceau de photons.

1901 Planck introduit le concept de quanta d'énergie

1905 Einstein propose une théorie des quanta de lumière

1924 De Broglie suggère que les particules peuvent se comporter comme des ondes

ALBERT EINSTEIN 1879–1955

1905 fut une annus mirabilis pour un jeune physcien allemand travaillant à temps partiel au Bureau suisse des brevets. Albert Einstein publia trois articles de physique dans le journal allemand Annalen der Physik. Ils expliquaient le mouvement brownien, l'effet photoélectrique et la théorie de la relativité restreinte, et chacun constituait une avancée révolutionnaire. La réputation d'Einstein grandit encore jusqu'en 1915, année où la publication de sa théorie de la relativité générale confirma son statut en tant qu'un des plus grands savants de tous les temps. Quatre ans plus tard, des observations faites durant une éclipse de soleil vinrent valider sa théorie de la relativité générale. Et il devint mondialement célèbre. Einstein reçut le Prix Nobel en 1921 pour son travail sur l'effet photoélectrique, qui influença le développement de la mécanique quantique.

« La couche superficielle du corps est pénétrée par des quanta dont l'énergie est convertie au moins partiellement en énergie cinétique des électrons. La conception la plus simple est celle d'un transfert totale de l'énergie d'un quantum de lumière à un seul électron. »

Albert Einstein, 1905

Les physiciens continuent de se débattre avec cette dialectique. Nous savons même aujourd'hui que la lumière se comporte selon l'un ou l'autre mode, en fonction des circonstances. Si l'on monte une expérience pour mesurer ses propriétés ondulatoires, par exemple en la faisant passer à travers un réseau de diffraction, elle se comporte comme une onde. Si au lieu de cela on essaie de mesurer ses propriétés particulaires, elle est tout aussi prévenante.

Les physiciens ont essayé d'imaginer des expériences rusées pour piéger la lumière et révéler, peut-être, sa vraie nature, mais jusqu'ici toutes ont échoué. Beaucoup sont des variantes de l'expérience des fentes d'Young, avec des composants qui peuvent être activés ou désactivés. Imaginez une source lumineuse dont les rayons traversent deux fentes pour atteindre un écran. Lorsque les deux fentes sont ouvertes, on voit les habituelles franges d'interférence. La lumière est donc, comme nous le savons, une onde. Cependant, en atténuant suffisamment la lumière, il arrive un point en dessous duquel les photons passent un par un dans l'appareil, et un détecteur peut enregistrer les flashes correspondant à leur arrivée sur l'écran. Même en procédant ainsi, les photons continuent à former les franges d'interférence.

Comment un photon individuel peut-il savoir à travers quelle fente passer pour contribuer à la formation des franges d'interférence ? Si vous êtes très rapide, vous pouvez obturer une des fentes dès que le photon quitte la source lumineuse, ou même après son passage à travers les fentes, mais jamais avant son arrivée sur l'écran. Or, dans tous les cas testés par les physiciens, les photons « savent » si une ou deux fentes étaient ouvertes lors de leur passage. Et même si seuls des photons individuels traversent, tout se passe comme si chaque photon passait simultanément dans les deux fentes.

Panneaux solaires

L'effet photoélectrique est utilisé aujourd'hui sur les panneaux solaires, dans lesquels la lumière met en mouvement des électrons, habituellement dans des semi-conducteurs comme le silicone plutôt que dans de vrais métaux.

Placez un détecteur au niveau de l'une des fentes (pour savoir par laquelle le photon est passé). Bizarrement, la figure d'interférence disparaît – il ne reste plus qu'un simple empilement de photons sur l'écran, pas l'ombre d'une frange d'interférence. Ainsi, peu importe que vous essayiez de les coincer, les photons sauront comment se comporter. Et ils se comportent comme des ondes *et* comme des particules, non comme les unes ou les autres.

Ondes de matière En 1924, Louis-Victor de Broglie avança l'idée réciproque : des particules de matière peuvent également se comporter comme des ondes. Il proposa d'associer une longueur d'onde à tous les corps, ce qui impliquait que la dualité onde-corpuscule était universelle. Trois ans plus tard, l'association onde-matière se voyait confirmée par l'observation de phénomènes de diffraction et d'interférences avec des électrons. Les physiciens ont depuis vu des particules encore plus grosses se comporter comme des ondes, par exemple des neutrons, des protons et récemment même des molécules, dont de microscopiques balles de football en carbone. Les objets plus gros, des billes par exemple, ont des longueurs d'onde associées minuscules, trop petites pour que nous puissions percevoir les comportements ondulatoires. Une balle de tennis traversant un cour possède une longueur d'onde de 10^{-34} mètre, bien plus courte que le diamètre d'un proton (10^{-15} mètre).

Comme nous l'avons vu, la lumière est aussi une particule et les électrons sont parfois des ondes ; l'effet photoélectrique boucle la boucle.

idée clé
Le bal des photons

25 L'équation d'onde de Schrödinger

Comment peut-on dire où se trouve une particule si elle se disperse autant qu'une onde ? Erwin Schrödinger écrivit une équation qui fit date, permettant de connaître la probabilité qu'une particule soit en un certain endroit tout en se comportant comme une onde. On put avec l'équation de Schrödinger comprendre les niveaux d'énergie des électrons des atomes, ce qui marqua, outre le lancement de la mécanique quantique, le début de la chimie moderne.

D'après Einstein et Louis-Victor de Broglie, ondes et particules sont intimement liées. Les ondes électromagnétiques, y compris la lumière, arborent les doubles caractéristiques et même les molécules et les particules subatomiques de matière peuvent exhiber diffraction et interférences, comme des ondes.

Mais les ondes sont des phénomènes continus alors que les particules sont ponctuelles. Dès lors, comment parler de la position d'une particule si elle se disperse comme une onde ? L'équation de Schrödinger, dévoilée par le physicien autrichien Erwin Schrödinger en 1926, décrit la probabilité qu'une particule se comportant comme une onde se trouve en un certain point, et ce à partir de la physique des ondes et de la théorie des probabilités. Cette équation constitue un des fondements de la mécanique quantique, la physique du monde atomique.

L'équation de Schrödinger trouva sa première application dans la description des positions des électrons d'un atome. Schrödinger était à la recherche d'une description de la nature ondulatoire des électrons et souhaitait également incorporer le concept des quanta d'énergie introduit par Max Planck, l'idée selon laquelle l'énergie ondulatoire se présente en briques fondamentales dont l'énergie individuelle est proportionnelle à la fréquence de l'onde. Les quanta sont les briques élémentaires, donnant à toute onde une « granulosité » fondamentale.

chronologie

1897

J. J. Thomson découvre l'électron

L'atome de Bohr Ce fut le physicien danois Niels Bohr qui appliqua, le premier, l'idée d'une quantification de l'énergie aux électrons d'un atome. Les électrons pouvant aisément être éloignés de leurs atomes, et chargés négativement, Bohr imagina que, comme les planètes autour du Soleil, les électrons sont habituellement en orbite autour d'un noyau chargé positivement. Cependant, les électrons ne pouvaient exister qu'avec certaines énergies, correspondant aux multiples des quanta fondamentaux. Pour les électrons d'un atome, cela signifiait qu'ils devaient être confinés à certaines couches (ou « orbitales ») correspondant aux différentes énergies autorisées (un peu comme si les planètes ne pouvaient se trouver que sur certaines orbites, déterminées par des règles énergétiques).

Le modèle de Bohr eut beaucoup de succès, particulièrement pour décrire un atome simple comme celui de l'hydrogène. L'hydrogène ne comporte qu'un seul électron en orbite autour d'un unique proton, une particule chargée positivement qui tient le rôle de noyau. L'échelle d'énergies quantifiées de Bohr donnait une explication théorique des longueurs d'onde de la lumière émise et absorbée par l'hydrogène.

Comme s'il grimpait sur une échelle, l'électron de l'atome d'hydrogène, quand il reçoit un supplément d'énergie, peut sauter au barreau supérieur, à l'orbitale supérieure. Pour sauter sur l'orbitale suivante, l'électron doit absorber l'énergie d'un photon qui en possède exactement la bonne quantité. La lumière doit donc avoir la bonne fréquence pour pouvoir faire passer l'électron à un niveau d'énergie supérieur. Toute autre fréquence ne donnera rien. Réciproquement, l'électron, une fois excité, peut redescendre vers un niveau plus bas, il émet alors un photon de lumière à la fréquence correspondant à l'énergie libérée.

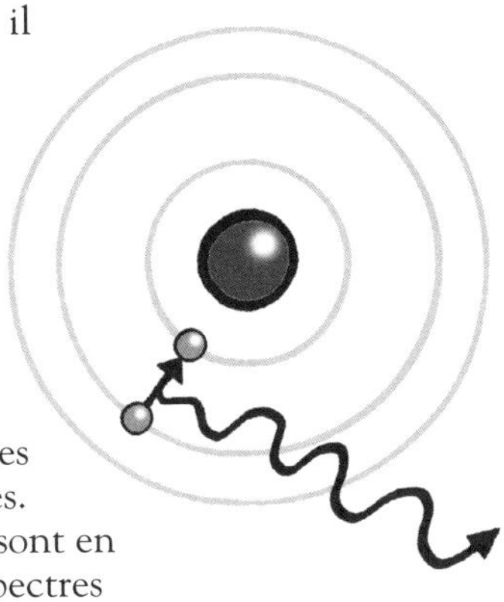

Les empreintes spectrales En faisant monter ses électrons sur l'échelle des niveaux d'énergie, un gaz d'hydrogène peut absorber une série de photons de fréquences caractéristiques, fréquences correspondant aux écarts d'énergie entre les niveaux. Si le gaz est éclairé par de la lumière blanche, ces mêmes fréquences caractéristiques seront absorbées et le spectre présentera des bandes noires à leurs niveaux. Au contraire, si l'hydrogène est chaud et que ses électrons redescendent, ces mêmes bandes de fréquences seront émises. On peut mesurer les énergies caractéristiques de l'hydrogène, et elles sont en accord avec les prédictions de Bohr. Tous les atomes produisent des spectres caractéristiques, correspondant à des niveaux d'énergie différents. Ces spectres, les

1913
Bohr avance l'idée selon laquelle les électrons sont en orbite autour du noyau atomique

1926
Schrödinger énonce son équation

bandes d'absorption et d'émission, sont en quelque sorte les empreintes digitales d'une espèce chimique.

Les fonctions d'onde Le modèle de Bohr fonctionnait très bien pour l'hydrogène, mais moins bien pour d'autres atomes, ayant plus d'un électron et des noyaux plus lourds. En outre demeurait l'énigmatique idée de de Broglie, selon laquelle les électrons aussi devaient être considérés comme des ondes : chaque orbite d'électron pouvait donc tout aussi bien être vue comme un front d'onde. Mais, le fait de le considérer comme une onde signifiait qu'il était impossible de dire où l'électron se trouvait à un instant donné.

Schrödinger, s'inspirant de de Broglie, écrivit une équation susceptible de décrire la position d'une particule quand celle-ci se comporte comme une onde. Il ne put le faire que statistiquement, en utilisant des probabilités. L'équation de Schrödinger, très importante, constitue un fondement de la mécanique quantique.

Mis en boîte

Une particule unique flottant dans l'espace possède une fonction d'onde sinusoïdale. Si elle est piégée à l'intérieur d'une boîte, sa fonction d'onde doit s'annuler au niveau des parois, ainsi qu'à l'extérieur, car la particule ne peut être là. La fonction d'onde à l'intérieur de la boîte peut être déterminée en examinant les niveaux d'énergie autorisés, les quanta d'énergie, de la particule, qui doivent toujours être plus grands que zéro. Comme seuls des niveaux d'énergie spécifiques sont autorisés par la théorie quantique, la particule aura plus de chance de se trouver en certains endroits qu'en d'autres, tandis qu'elle ne se trouvera jamais en certains points de la boîte où la fonction d'onde s'annule. Les systèmes plus compliqués possèdent des fonctions d'onde qui sont des combinaisons de plusieurs ondes sinusoïdales et d'autres fonctions mathématiques, tout comme une note contient plusieurs harmoniques. En physique classique, on utiliserait les lois de Newton pour décrire le mouvement de la particule dans la boîte. À chaque instant, on connaîtrait exactement la position de la particule et sa vitesse. En mécanique quantique, par contre, on ne peut considérer que la probabilité de trouver la particule en un point donné à un instant donné et, la quantification de l'énergie s'immisçant aux échelles atomiques, il existe des points privilégiés où l'on a plus de chances de trouver la particule. Mais on ne peut dire exactement où elle se trouve, car c'est aussi une onde.

« Dieu s'occupe de l'électromagnétisme avec la théorie ondulatoire les lundis, mercredis et vendredis, et Satan avec la théorie quantique les mardis, jeudis et samedis. »

Sir William Bragg, 1862–1942

Schrödinger introduisit l'idée d'une fonction d'onde pour exprimer la probabilité que la particule soit en un point donné à un instant donné, et pour rassembler toute l'information connue au sujet de la particule. Les fonctions d'onde sont notoirement difficiles à saisir, notre propre expérience ne nous permettant pas de les percevoir : il nous est très difficile de les visualiser et même de les interpréter philosophiquement.

L'avancée que constitua l'équation de Schrödinger conduisit également à des modèles d'orbitales électroniques de l'atome. Ce sont des contours de probabilité, délimitant les régions dans lesquelles la probabilité de trouver les électrons est de 80-90 % (ce qui soulève le problème de leur possible, bien que peu probable, présence ailleurs). Ces contours se révélèrent non sphériques, contrairement aux couches imaginées par Bohr ; il s'agissait plutôt de formes étirées, comme des haltères ou des beignets. Les chimistes utilisent aujourd'hui ces connaissances pour concevoir des molécules.

L'équation de Schrödinger révolutionna la physique en élargissant l'idée de dualité onde-corpuscule non seulement aux atomes mais à toute la matière. Avec Werner Heisenberg et d'autres, Schrödinger fut véritablement l'un des pères fondateurs de la mécanique quantique.

idée clé
Ici, là, mais pas n'importe où

26 Le principe d'incertitude

Le principe d'incertitude d'Heisenberg énonce que la vitesse (ou la quantité de mouvement) et la position d'une particule à un instant donné ne peuvent être connues simultanément avec exactitude – plus vous mesurez l'une avec précision, moins vous pouvez en savoir sur l'autre. Werner Heisenberg suggéra que l'acte même d'observer une particule change son état, rendant une connaissance précise impossible. Ainsi, ni le comportement passé, ni le comportement futur d'une particule subatomique quelle qu'elle soit, ne peut être prédit avec certitude. C'est la mort du déterminisme.

En 1927, Heisenberg réalisa que la théorie quantique induisait d'étranges prédictions. Elle impliquait qu'aucune expérience ne pouvait jamais être réalisée dans un isolement total car l'acte de mesure lui-même affectait le résultat. C'est ce lien qu'il énonça dans son « principe d'incertitude » – on ne peut mesurer simultanément la position et la quantité de mouvement d'une particule subatomique (ou, ce qui est équivalent, son énergie à un instant précis). Si l'on connaissait l'une, alors l'autre demeurerait incertaine. On pouvait mesurer les deux dans une certaine fourchette, mais plus cette fourchette était étroite pour l'une, plus elle devenait large pour l'autre. Cette incertitude, affirma Heisenberg, était une conséquence profonde de la mécanique quantique – elle n'avait rien à voir avec un quelconque manque de précision des appareils de mesure ni un défaut de compétences.

Incertitude Dans toute mesure, il existe un élément d'incertitude sur le résultat. Si vous mesurez la longueur d'une table avec un mètre ruban, vous pouvez dire que la table mesure un mètre de long, mais le ruban ne vous permet de le dire qu'à un millimètre près, un millimètre étant la taille de la plus petite graduation qu'il porte. La table pourrait donc mesurer en réalité 99,9 centimètres ou 100,1 centimètres, sans que vous le sachiez.

chronologie

1687
Les lois de Newton impliquent un univers déterministe

Il est aisé de penser les incertitudes comme résultant des limitations de votre appareil de mesure, par exemple le mètre ruban, mais ce que dit le principe d'Heisenberg est profondément différent : on ne peut jamais connaître simultanément ces deux quantités, position et quantité de mouvement, avec exactitude, aussi précis et fins que soient les appareils de mesure. Comme si on ne pouvait connaître la vitesse et la position d'une nageuse à un instant donné. On peut connaître l'une et l'autre approximativement, mais dès que l'on identifie l'une plus précisément, l'autre devient plus incertaine.

Mesure D'où cela vient-il ? Heisenberg imagina une expérience permettant de mesurer les paramètres du mouvement d'une particule subatomique comme le neutron. On pourrait utiliser un radar pour suivre la particule, à l'aide d'ondes électromagnétiques venant se réfléchir sur elle. Pour obtenir une acuité maximale, il faudrait choisir des rayons gamma, dont les longueurs d'onde sont très courtes. Mais, en raison de la dualité onde-corpuscule, le faisceau gamma se comporterait comme une série de photons balistiques venant percuter le neutron. Les rayons gamma possèdent des fréquences très élevées et donc chaque photon d'un faisceau gamma transporte une grande quantité d'énergie. En percutant le neutron, un tel photon modifierait substantiellement sa vitesse. Ainsi, le processus même d'observation par lequel on pourrait connaître la position du neutron tendrait à modifier de manière imprévisible sa vitesse.

En utilisant des photons plus « doux », c'est-à-dire possédant une énergie moindre, afin de minimiser l'altération de la vitesse, les longueurs d'onde seraient plus grandes et l'acuité avec laquelle on mesurerait la position s'en trouverait diminuée. Quelle que soit la manière dont on essaie d'optimiser la mesure, on ne peut connaître simultanément la position et la vitesse de la particule : c'est une limite fondamentale qu'exprime le principe d'incertitude d'Heisenberg.

Ce qui se passe en réalité est plus difficile à saisir, à cause du double comportement onde-corpuscule à la fois des particules subatomiques et des ondes électromagnétiques. Les définitions de la position, de la quantité de mouvement, de l'énergie et du temps d'une particule sont toutes probabilistes. L'équation de Schrödinger décrit la probabilité qu'une particule se trouve en un endroit donné à un instant donné, ou qu'elle ait à cet instant une certaine énergie, selon les lois de la physique quantique, et la fonction d'onde englobe toutes les propriétés de la particule.

1901
La loi de Planck repose sur des techniques statistiques

1927
Heisenberg publie son principe d'incertitude

WERNER HEISENBERG 1901–1976

Werner Heisenberg vécut en Allemagne les deux Guerres mondiales. Adolescent durant la Première guerre mondiale, Heisenberg rejoignit le mouvement paramilitaire des jeunesses allemandes, qui vantaient et encourageait les activités physiques en extérieur. Heisenberg travaillait dans des fermes pendant les mois d'été et profitait de son temps libre pour étudier les mathématiques. Il étudia la physique théorique à l'université de Munich, allant et venant non sans difficulté entre la campagne qu'il aimait tant et le monde abstrait de la science. Après son doctorat, il occupa différents postes universitaires et rencontra Einstein lors d'une visite à Copenhague. En 1925, Heisenberg inventa la première forme de mécanique quantique, connue sous le nom de mécanique des matrices, ce qui lui valut le Prix Nobel en 1932. De nos jours, il est surtout célèbre pour le principe d'incertitude qu'il formula en 1927.

Durant la Seconde Guerre mondiale, Heisenberg dirigea le programme nucléaire allemand, infructueux, et travailla sur un réacteur à fission. Le débat n'est pas tranché quant à l'incapacité dans laquelle les Allemands se trouvèrent de construire une arme atomique : fut-elle le résultat d'une volonté délibérée ou simplement d'un manque de ressources ? Après la guerre, Heisenberg fut arrêté par les Alliés et interné en Angleterre, avec d'autres scientifiques allemands. Il retourna ensuite en Allemagne et se remit à la recherche.

$$\Delta x \Delta p > \frac{\hbar}{2}$$

$$\Delta E \Delta t > \frac{\hbar}{2}$$

Le principe d'incertitude d'Heisenberg

Heisenberg travaillait sur la théorie quantique plus ou moins au même moment que Schrödinger. Mais ce dernier préférait travailler sur les aspects ondulatoires des systèmes subatomiques tandis que Heisenberg se concentrait sur la nature discrète, échelonnée des niveaux d'énergie. Tous deux développèrent des manières de décrire les systèmes quantiques suivant leurs propres préférences : Schrödinger en utilisant les mathématiques des ondes et Heisenberg avec les matrices, des tableaux de nombres à double entrée, permettant de mettre en équations l'ensemble des propriétés.

Les interprétations matricielle et ondulatoire eurent toutes deux leurs partisans, chaque camp considérant que l'autre était dans l'erreur. Ils finirent heureusement par mettre en commun leurs compétences et aboutirent à une description commune de la théorie quantique, description que nous appelons aujourd'hui mécanique quantique. C'est en essayant de formuler ces équations qu'Heisenberg

> **« Plus la position est déterminée avec précision, moins la quantité de mouvement au même instant peut être connue avec précision, et vice versa. »**
>
> **Werner Heisenberg, 1927**

remarqua des incertitudes que l'on ne pouvait évacuer. Il attira sur ce point l'attention d'un de ces collègues, Wolfgang Pauli, dans une lettre datée de 1927.

Indéterminismes Les profondes implications du principe d'incertitude n'échappèrent pas à Heisenberg et il signala les défis que celui-ci posait à la physique classique. D'abord, cela impliquait qu'aucune restriction ne pesait sur le comportement passé d'une particule jusqu'à ce qu'une mesure fût réalisée. Selon les mots d'Heisenberg : « La trajectoire ne se matérialise que lorsque nous l'observons. » Nous n'avons aucune manière de savoir où se trouve une particule tant que nous ne l'avons pas observée. Heisenberg remarqua également que nous ne pouvons pas non plus prévoir la trajectoire future d'une particule : les incertitudes pesant sur sa position et sa vitesse rendent imprévisible son évolution future.

Ces deux observations établissaient une rupture majeure avec la physique newtonienne de l'époque, qui reposait sur l'idée d'un monde extérieur existant indépendamment de nous et dont la connaissance n'eût tenu qu'aux soins de l'expérimentateur. La mécanique quantique révéla que, au niveau de l'atome, une telle vision déterministe n'avait aucun sens et qu'il fallait parler de probabilités des différents événements. Nous ne pouvions plus parler de cause et d'effet, seulement de hasard. Einstein et bien d'autres trouvèrent ceci difficile à accepter mais durent admettre que c'était bien là ce que montraient les équations. Pour la première fois de son histoire, la physique s'aventurait bien au-delà du laboratoire de l'expérience, entrant pleinement dans le royaume des mathématiques abstraites.

idée clé
Connaître ses limites

27 L'interprétation de Copenhague

Les équations de la mécanique quantique apportaient certes les bonnes réponses aux scientifiques, mais que signifiaient-elles ? Le physicien danois Niels Bohr développa une interprétation, dite de Copenhague, mêlant l'équation d'onde de Schröndinger et le principe d'incertitude d'Heisenberg. D'après Bohr, une expérience isolée n'existe pas – l'intervention de l'observateur fixe les résultats des expériences quantiques. Avec cette idée, Niels Bohr remettait en cause le concept même d'objectivité de la science.

En 1927, la compétition faisait rage entre des visions différentes de la mécanique quantique. Erwin Schrödinger soutenait que le comportement quantique reposait sur la physique des ondes, qui pouvaient toutes être décrites par des équations d'onde. Werner Heisenberg, en revanche, considérait que la nature corpusculaire des ondes électromagnétiques et de la matière, décrite par sa représentation matricielle, était de la première importance dans la compréhension de la nature. Heisenberg avait également montré que notre compréhension était fondamentalement limitée par le principe d'incertitude. Il pensait que le futur comme le passé demeuraient inconnus jusqu'à ce qu'ils soient fixés par l'observation, et ce en raison de l'incertitude intrinsèquement attachée à tous les paramètres du mouvement d'une particule subatomique.

Un troisième homme essaya de rassembler tous les résultats expérimentaux et toutes les théories pour former une nouvelle représentation susceptible d'en expliquer la totalité. Il s'agissait de Niels Bohr, directeur de la faculté d'Heisenberg à l'université de Copenhague, et auteur du modèle des niveaux d'énergie quantiques de l'atome d'hydrogène. Bohr, avec Heisenberg, Max Born et d'autres, développa une vision holistique que l'on appela interprétation de Copenhague. Elle demeure encore aujourd'hui l'interprétation préférée de la plupart des physiciens, bien que des variantes aient été proposées.

chronologie

1901
Planck publie sa loi relative au rayonnement du corps noir

1905
Einstein utilise des quanta de lumière pour expliquer l'effet photoélectrique

NIELS BOHR 1885–1962

Niels Bohr connut deux guerres mondiales, et travailla avec les plus grands physiciens. Le jeune Niels étudia la physique à l'université de Copenhague, où il réalisa, dans le laboratoire de physiologie de son père, des expériences de physique qui lui valurent des prix. Il partit pour l'Angleterre après l'obtention de son doctorat mais ne s'entendit pas avec J. J. Thomson. Après avoir travaillé avec Ernest Rutherford à Manchester, il regagna Copenhague, où il termina ses travaux sur « l'atome de Bohr » (qui correspond toujours à la vision la plus répandue de l'atome). Il obtint le Prix Nobel en 1922, juste avant que la mécanique quantique n'apparaisse pleinement. Fuyant l'Allemagne hitlérienne, de nombreux savants gagnèrent, dans les années 1930, l'Institut de Physique Théorique que Bohr dirigeait à Copenhague. Ils furent hébergés dans un manoir donné par Carlsberg, le brasseur danois. Quand les Nazis occupèrent le Danemark en 1940, Bohr s'enfuit à bord d'un bateau de pêche, d'abord vers la Suède puis en Angleterre.

Deux aspects Niels Bohr appliqua une approche philosophique à la nouvelle science quantique. En particulier, il souligna l'impact que l'observateur lui-même exerce sur les résultats d'une expérience quantique. Il commença par accepter l'idée de « complémentarité », selon laquelle les aspects ondulatoire et corpusculaire de la matière et de la lumière constituaient deux facettes d'un même phénomène sous-jacent et non pas deux familles distinctes d'événements. Tout comme les images d'un test psychologique peuvent changer d'apparence selon la manière dont on les regarde – deux lignes ondulantes, en miroir, dessinant soit les contours d'un vase, soit deux visages se faisant face – les propriétés ondulatoire et corpusculaire sont deux manières de voir le même phénomène. Ce ne serait pas tant la lumière qui changerait de caractère que nous qui choisirions de la considérer sous un autre angle.

Pour jeter une passerelle entre systèmes normaux et systèmes quantiques, y compris nos propres expériences, à l'échelle anthropomorphique, Bohr introduisit également le « principe de correspondance », selon lequel le comportement quantique doit disparaître pour les systèmes plus grands, ceux qui nous sont familiers et pour lesquels la physique newtonienne est adéquate.

1927

Publication du principe d'incertitude d'Heisenberg. Formulation de l'interprétation de Copenhague

Inconnaissabilité Bohr réalisa l'importance cruciale du principe d'incertitude, en vertu duquel on ne peut mesurer simultanément la position et la quantité de mouvement (ou la vitesse) d'une particule subatomique. Si l'une de ces quantités est mesurée avec acuité, une incertitude pèse alors intrinsèquement sur l'autre. Heisenberg pensait que l'incertitude venait de la mécanique du procédé d'observation : pour mesurer quoi que ce soit, et même ne serait-ce que pour regarder quoi que ce soit, il faut que des photons de lumière viennent s'y réfléchir. Ceci impliquant toujours un transfert de quantité de mouvement ou d'énergie, l'acte même d'observation perturbe le mouvement initial de la particule.

« Nous sommes dans une jungle et avançons par tâtonnement, creusant notre sentier derrière nous, à mesure que nous progressons. »

Max Born, 1882–1970

Bohr, en revanche, pensait que l'explication d'Heisenberg était erronée. Pour lui, on ne pouvait jamais complètement séparer l'observateur du système. C'est l'acte d'observation lui-même qui détermine le comportement final du système, du fait de la dualité probabiliste onde-corpuscule de la physique quantique et non d'un simple transfert d'énergie. Bohr pensait qu'il fallait considérer dans son ensemble, dans sa totalité un système ; on ne pouvait séparer la particule, le radar ni même l'observateur. Même lorsque l'on regarde une pomme, il faut considérer les propriétés quantiques du système entier, y compris le système visuel du cerveau, qui assure le traitement des photons reçus, en provenance de la pomme.

Bohr soutint également que le terme même d'« observateur » était mauvais, parce qu'il évoquait l'image d'un spectateur extérieur, séparé du monde observé. Un photographe comme Ansel Adams parvient certes à capturer la beauté immaculée du parc naturel de Yosemite, mais peut-on dire que ces étendues sauvages sont réellement vierges de toute empreinte humaine ? Comment le seraient-elles quand le photographe est lui-même présent ? La réalité est celle d'un homme se tenant dans la nature, et non séparée d'elle. Pour Bohr, l'observateur appartenait fortement à l'expérience.

Cette idée d'une participation de l'observateur choqua les physiciens, parce qu'elle remettait en cause la manière dont on avait toujours fait de la science jusque-là, ainsi que le concept fondamental de l'objectivité scientifique. Les philosophes aussi regimbèrent. La nature cessait d'être mécanique et déterministe pour devenir profondément « inconnaissable » : que pouvait signifier ceci pour le concept de vérité fondamentale, ou même pour les simples idées de passé et de futur ? Eisntein,

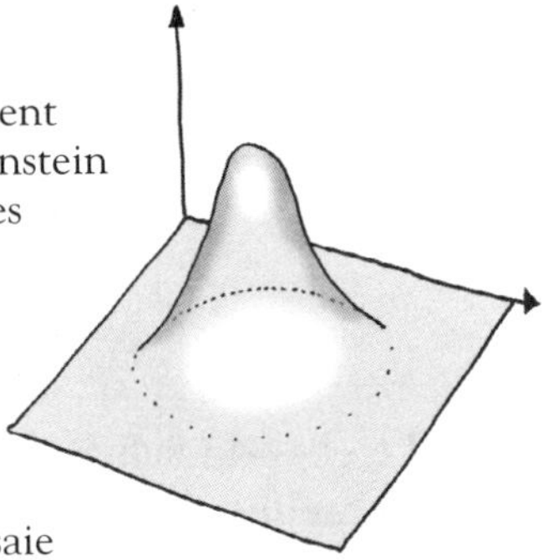

Schrödinger et d'autres eurent du mal à abandonner leur croyance, fermement ancrée, en l'existence d'un univers extérieur, déterministe et observable. Einstein en particulier considérait que, puisqu'elle ne pouvait être décrite que par des statistiques, la théorie quantique était, au mieux, incomplète.

Réduction des fonctions d'onde Puisque les particules subatomiques et les ondes peuvent être observées sous l'une ou l'autre formes, qu'est-ce qui décide de la manière dont elles se manifestent ? Pourquoi la lumière traversant deux fentes interfère comme une onde le lundi mais se comporte comme un jet de particule le mardi, lorsque l'on essaie d'attraper les photons au moment de leur passage à travers une des fentes ? D'après Bohr et les partisans de l'interprétation de Copenhague, la lumière existe dans les deux états simultanément, à la fois onde et particule. Ce n'est que lors de l'observation qu'elle revêt l'une ou l'autre des apparences : c'est donc nous-mêmes qui décidons à l'avance de cette apparence en décidant de la mesure que nous souhaitons réaliser.

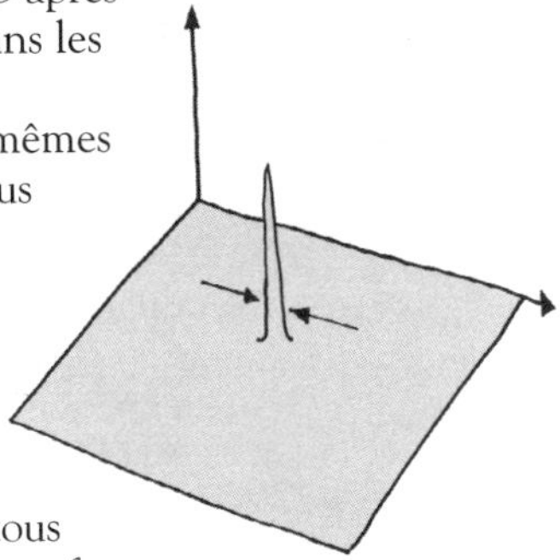

À ce stade, lorsque la nature corpusculaire ou ondulatoire est fixée, on dit que la fonction d'onde a été réduite. Toutes les probabilités d'événements distincts contenus dans la représentation en fonction d'onde de Schrödinger s'effondrent, si bien que ne demeure plus que le résultat mesuré. Ainsi, selon Bohr, la fonction d'onde initiale du faisceau renferme tous les possibles, ondulatoires autant que corpusculaires. Lors de l'observation, une forme seulement apparaît, non parce que le faisceau passe de l'une à l'autre, mais parce qu'il est les deux en même temps. Les pommes et les oranges quantiques ne sont ni pomme ni orange, mais un hybride.

« Quiconque n'est pas choqué par la mécanique quantique ne l'a pas vraiment comprise. »

Niels Bohr, 1885–1962

Les physiciens ont encore aujourd'hui du mal à se forger une compréhension intuitive de ce que la mécanique quantique signifie, et d'autres depuis Bohr ont proposé de nouvelles manières de l'interpréter. Bohr soutenait qu'il nous fallait retourner à la planche à dessin pour comprendre le monde quantique et que nous ne pouvions utiliser les concepts qui nous étaient familiers. Il nous faut accepter que le monde quantique est quelque chose d'étrange et d'autre.

idée clé
À vous de choisir

28 Le chat de Schrödinger

Le chat de Schrödinger est simultanément vivant et mort. Dans cette expérience virtuelle, un chat se trouvant dans une boîte peut avoir ou ne pas avoir été tué par une capsule empoisonnée dont l'ouverture dépend d'un événement aléatoire. Erwin Schrödinger utilisa cette métaphore pour ridiculiser l'interprétation de Copenhague de la théorie quantique, selon laquelle, jusqu'à ce qu'une observation soit réalisée, le chat devrait se trouver dans des limbes, à la fois vivant et mort.

Dans l'interprétation de Copenhague de la physique quantique, les systèmes quantiques existent sous la forme d'un nuage de probabilité jusqu'à ce qu'un observateur tourne l'interrupteur et sélectionne un résultat pour et par son expérience. Avant l'observation, le système revêt toutes les possibilités : la lumière est à la fois onde et corpuscule jusqu'à ce que nous choisissions la forme que nous voulons mesurer – elle adopte ensuite cette forme.

Si un nuage de probabilité peut paraître un concept plausible pour une quantité abstraite comme un photon ou une onde de lumière, que peut-il bien signifier pour quelque chose de plus grand dont nous avons conscience ? Quelle est réellement la nature de ce flou quantique ?

En 1935, Erwin Schrödinger publia un article décrivant une expérience virtuelle tâchant d'illustrer ce comportement avec un exemple plus haut en couleurs et plus familier que celui des particules subatomiques. Schrödinger était très critique à l'égard de l'interprétation de Copenhague, selon laquelle l'acte d'observation influençait le comportement de l'objet observé, et il voulait en montrer l'ineptie.

Limbes quantiques Schrödinger considéra la situation suivante, totalement imaginaire (aucun animal n'eut à souffrir) :

chronologie

1927
Interprétation de Copenhague de la mécanique quantique

1935
Schrödinger imagine son expérience du chat quantique

« Un chat est enfermé dans une boîte en acier, avec le dispositif diabolique suivant (dispositif qui doit être protégé de toute interaction avec le chat) : dans un compteur Geiger est placé un petit morceau de substance radioactive, si petit qu'en une heure un atome peut-être se désintègre ou, avec une égale probabilité, aucun ne se désintègre. Dans le premier cas, le compteur, via un relais, déclenche l'action d'un marteau qui vient briser une fiole contenant du cyanure. Si on abandonne le système à lui-même pendant une heure, on pourra dire que le chat vit encore si aucun atome ne s'est désintégré. La moindre désintégration l'aura tué. »

Il y a donc 50 % de chances pour que le chat soit vivant (espérons-le) et 50 % pour qu'il soit mort, au moment où l'on ouvre la boîte, une heure après le début de l'expérience. Schrödinger remarqua que, en suivant la logique de l'interprétation de Copenhague, il nous faudrait considérer le chat comme à la fois vivant et mort, dans une superposition d'états, tant que la boîte n'a pas été ouverte. Tout comme la nature ondulatoire ou corpusculaire d'un électron n'est fixée qu'au moment de l'observation, le sort du chat n'est déterminé qu'au moment de l'ouverture de la boîte : nous procédons à l'observation et fixons le résultat.

Certainement, ceci était ridicule, protestait Schrödinger, surtout pour un être aussi réel qu'un chat. D'après notre expérience quotidienne, nous savons que le chat doit être vivant ou mort et il est insensé d'imaginer qu'il se trouve dans quelque état subliminal pour la seule raison que nous ne l'avons pas encore regardé. Si le chat s'en sort vivant, tout ce dont il se souviendra sera d'avoir été enfermé dans une boîte, bien vivant, et non pas d'avoir été un nuage de probabilité ou une fonction d'onde.

Einstein, entre autres, partageait l'avis de Schrödinger, trouvant l'interprétation de Copenhague absurde. Ils soulevèrent ensemble d'autres problèmes. En tant qu'animal, le chat était-il capable de s'observer lui-même et donc de provoquer la réduction de sa propre fonction d'onde ? Quelles qualités faut-il pour être observateur ? L'observateur doit-il être conscient, au sens humain, ou bien peut-il être n'importe quel animal ? Quid d'une bactérie ?

Allant encore plus loin, nous pouvons nous demander si quoi que ce soit dans le monde existe indépendamment de notre regard ? Si nous oublions le chat et nous concentrons sur la particule radioactive, nous pouvons nous demander quel est son sort : se sera-t-elle ou non désintégrée ? Demeure-t-elle dans des limbes quantiques jusqu'à l'ouverture de la boîte, comme le veut l'interprétation de Copenhague ? Peut-

1957

Everett formule l'hypothèse des mondes multiples

être le monde entier se trouve-t-il dans un état mixte et flou, rien n'étant fixé jusqu'à ce que nous l'observions et forcions par là même les fonctions d'onde à se concentrer. Votre lieu de travail se désintègre-t-il le week-end, lorsque vous n'y êtes pas, ou bien est-il protégé par les regards des passants ? Si personne ne la regarde, votre maison de vacances au milieu de la forêt cesse-t-elle d'exister ? Se trouve-t-elle dans une superposition d'états diversement probables : détruite par un incendie, inondée, envahie par les fourmis ou les ours, en parfait état ? Les oiseaux et les écureuils comptent-ils comme des observateurs ? Aussi étrange que cela puisse paraître, c'est ainsi que l'interprétation de Copenhague explique le monde à l'échelle atomique.

Mondes multiples Le problème philosophique posé par le fait que l'observation peut déterminer le résultat a conduit à une autre interprétation de la théorie quantique – l'hypothèse des mondes multiples. Formulée en 1957 par Hugh Everett, cette variante évite l'écueil de l'indétermination des fonctions d'onde non observées en proposant l'existence d'une infinité d'univers parallèles. À chaque fois qu'une observation est réalisée et qu'un résultat particulier est relevé, un nouvel univers se sépare. Chaque univers est identique au précédent, excepté sur le point que l'on a observé. Les probabilités sont donc toutes égales, mais la séquence des événements nous conduit à travers un foisonnement d'univers possibles.

ERWIN SCHRÖDINGER 1887–1961

Le physicien autrichien Erwin Schrödinger travailla sur la mécanique quantique et tenta (en vain), avec Einstein, d'unifier la gravité et la mécanique quantique en une seule théorie. Il avait une préférence pour les interprétations ondulatoires et n'aimait pas la dualité onde-corpuscule, ce qui le conduisit à s'opposer à d'autres physiciens.

Adolescent, Schrödinger se passionnait pour la poésie allemande ; il décida néanmoins d'étudier la physique théorique à l'université. Mobilisé sur le front italien pendant la Première Guerre mondiale, Schrödinger y poursuivit tant bien que mal ses recherches, publiant même quelques articles, avant de regagner le monde universitaire après la guerre. En 1926, Schrödinger formula son équation d'onde, pour laquelle il reçut le Prix Nobel, conjointement avec Paul Dirac, en 1933. Schrödinger partit ensuite pour Berlin où il prit la tête de la faculté à laquelle Max Planck avait appartenu ; l'arrivée au pouvoir d'Hitler le décida à quitter l'Allemagne. Il eut du mal à se fixer quelque part, il séjourna à Oxford, Princeton et Graz. Suite à l'annexion de l'Autriche en 1938, il dut encore prendre la fuite, s'établissant finalement à Dublin, en Irlande, où un poste sur mesure fut créé pour lui à l'Institut d'Études avancées. Il y demeura jusqu'à sa retraite, qu'il passa à Vienne. La vie privée de Schrödinger fut aussi compliquée que sa vie professionnelle : il eut des enfants avec plusieurs femmes, dont une qui vint vivre avec lui et son épouse pendant un temps, à Oxford.

Dans une telle interprétation de l'expérience du chat de Schrödinger, le chat n'est plus dans une superposition de tous les états possibles au moment de l'ouverture de la boîte. Au lieu de cela, il est vivant dans un univers et mort dans un autre univers parallèle : dans l'un des univers le poison a été libéré, pas dans l'autre.

Que ceci constitue un progrès par rapport aux états subliminaux des fonctions d'onde est un point qui se discute. Nous évitons peut-être le besoin de faire appel à un observateur pour nous tirer de temps à autre de notre condition de nuage probabiliste, mais le prix à payer est celui de toute une armée d'univers parallèles, différant seulement à la marge. Dans un de ces univers je suis une rock star, dans un autre je joue dans le métro. Ou dans l'un je porte des chaussettes noires, dans un autre des grises. Cela semble un beau gâchis d'univers (et suggère des univers dans lesquels les gens ont des garde-robes hautes en couleurs). D'autres univers parallèles peuvent être plus significatifs – dans l'un Elvis vit toujours, dans l'autre John F. Kennedy n'a pas été assassiné, dans un troisième Al Gore a été président des États-Unis. L'idée d'univers parallèles a inspiré bon nombre de scénarios, par exemple celui de Pile & Face, dans lequel Gwyneth Paltrow vit à Londres deux vies parallèles, l'une réussie, l'autre ratée.

Aujourd'hui, certains physiciens soutiennent que le raisonnement suivi par Schrödinger dans son expérience imaginaire était erroné. Tout comme avec sa théorie exclusivement ondulatoire, il était en fait en train d'appliquer des concepts physiques familiers à l'étrange monde quantique, alors que nous devons purement et simplement accepter cette étrangeté.

idée clé
Mort ou vif ?

29 Le paradoxe EPR

La mécanique quantique laisse penser qu'il serait possible de transmettre de l'information instantanément entre des systèmes, quelle que soit la distance qui les sépare. De telles intrications dessinent un vaste réseau d'interconnexions entre particules à travers l'univers tout entier. Einstein, Podolski et Rosen trouvèrent ceci absurde et le remirent en cause à travers leur « paradoxe ». Les expériences ont depuis montré que l'intrication quantique existe bel et bien, ouvrant la voie à des applications en cryptographie et en informatique quantiques, et même à la téléportation.

Albert Einstein n'accepta jamais l'interprétation de Copenhague de la mécanique quantique, selon laquelle les systèmes quantiques demeuraient dans des limbes probabilistes avant qu'une observation ne les pousse à adopter leur état final. Avant de passer à travers le filtre de l'observation, le système existe dans une superposition de tous les états possibles. Cette manière de voir les choses dérangeait Einstein, qui considérait comme peu réaliste un tel mélange.

Particules paradoxales En 1935, Einstein, Boris Podolsky et Nathan Rosen exprimèrent leur mécontentement en énonçant un paradoxe, qui prit le nom de paradoxe d'Einstein-Podolsky-Rosen, ou paradoxe EPR. Imaginez une particule se désintégrant en deux particules plus petites, Si la particule initiale, la particule « mère », était au repos, les particules « filles » doivent avoir des quantités de mouvement et des moments cinétiques égaux mais de directions opposées, de sorte que leurs sommes soient nulles (puisque ces quantités sont conservées). Les particules filles doivent donc partir dans des directions opposées et tourner dans des sens opposés. Il existe de même des liens entre d'autres propriétés quantiques des deux particules. Si l'on mesure le spin d'une particule après l'émission, on connaît

> **« Je suis en tout cas convaincu qu'Il [Dieu] ne joue pas aux dés. »**
>
> **Albert Einstein, 1926**

chronologie

1927
Formulation de l'interprétation de Copenhague

1935
Einstein, Podolsky et Rosen énoncent leur paradoxe

La téléportation

La téléportation est souvent dépeinte dans les œuvres de science-fiction. Les débuts des technologies de communication, comme le télégraphe au XIXe siècle, ouvrirent la perspective d'une transmission à distance d'informations autres que des signaux électriques. Dans les années 1920 et 1930, la téléportation fit son apparition dans les livres, en particulier chez Arthur Conan Doyle, et devint un incontournable de la science-fiction. Dans La mouche, de George Langelaan (adapté trois fois à l'écran), un scientifique se téléporte mais son information génétique se trouve mélangée à celles d'une mouche et il devient une chimère mi-humaine, mi-mouche. C'est avec la série télé culte Star Trek que la téléportation prit vraiment son envol, en particulier avec le fameux « Scotty ! Téléportation ! ». Le téléporteur du vaisseau Enterprise déconstruit le téléporté atome par atome avant de le réassembler en son point de destination. Dans la réalité, la téléportation est rendue impossible par le principe d'incertitude d'Heisenberg. Mais, bien qu'il soit impossible de téléporter des atomes, l'intrication quantique permet la transmission à très grande distance d'information, pour l'instant limitée à de très petites particules.

immédiatement le spin de l'autre membre de la paire – même si beaucoup de temps s'est écoulé et qu'elle se trouve à une grande distance ou même hors de portée. C'est comme si nous regardions un vrai jumeau et constations qu'il a les yeux verts – nous saurions instantanément que l'autre jumeau a également les yeux verts.

Pour expliquer cela dans les termes de l'interprétation de Copenhague, on dirait que, avant toute observation, les deux particules (ou les deux jumeaux) existent dans une superposition des deux états possibles. Les fonctions d'onde des particules contiennent des informations sur les deux directions de spin ; les jumeaux possèdent un mélange de toutes les couleurs d'yeux possibles. Lorsque nous observons un des membres de la paire, les fonctions d'onde des deux membres se condensent simultanément. Pour Einstein, Podolsky et Rosen, cela n'avait aucun sens. Comment pourrait-on agir instantanément sur une particule potentiellement très éloignée de son compagnon ? Einstein avait auparavant montré que la vitesse de la lumière était une limite universelle : rien ne pouvait se propager plus rapidement. Comment l'acte d'observation de la première particule était-il communiqué à la seconde ? Qu'une

1964
John Bell formule des inégalités pour une réalité locale

1981–1982
Des expériences [réalisées par Alain Aspect à Orsay, N.d.T.] montrent que les inégalités de Bell peuvent être violées, et que l'intrication existe

1993
Les bits quantiques sont baptisés qubits

observation d'un côté de l'univers puisse « instantanément » affecter de la matière située de l'autre côté devait signifier que la mécanique quantique était erronée.

Intrication Dans le même article que celui où il décrivait son paradoxe du chat, Schrödinger utilisait le terme d'« intrication » pour décrire cette étrange action à distance.

Pour Bohr, il paraissait inévitable que l'univers fût, au niveau quantique, interconnecté. Mais Einstein préférait croire à une « réalité locale » dans laquelle la connaissance du monde local était certaine. Tout comme les jumeaux étaient vraisemblablement nés avec la même couleur d'yeux, plutôt qu'ils ne se promenaient dans un état flou avec des yeux multicolores jusqu'à ce qu'on les observe, Einstein supposa que la paire de particules était émise dans l'un ou l'autre des états qui demeurait ensuite fixé ; il n'y avait alors nul besoin d'une communication à distance ni d'un observateur. Einstein envisagea l'existence de variables cachées – idée aujourd'hui reformulée sous le nom d'« inégalités de Bell » – qui lui donneraient raison, mais à ce jour aucun élément allant dans ce sens n'a été découvert.

Le concept de réalité locale, introduit par Einstein, a même été invalidé par des expériences qui ont démontré la réalité de l'intrication quantique, y compris lorsqu'il y a plus de deux particules ou lorsque les particules intriquées sont distantes de plusieurs kilomètres.

Information quantique Si l'intrication quantique fut d'abord un objet de discussion philosophique, elle permet aujourd'hui le codage et la transmission d'information de manière totalement nouvelle et inusitée. Dans les ordinateurs « classiques », l'information est encodée sous forme de bits ayant des valeurs fixées dans un code binaire. Dans un code quantique, on utilise deux états, ou plus, mais le système peut aussi exister dans une superposition de ces états. En 1993, le terme de qubit fut introduit, pour désigner un bit quantique (la superposition quantique des valeurs d'un bit) et l'on imagine aujourd'hui des ordinateurs quantiques basés sur ces principes.

Les états intriqués rendent possibles de nouveaux types de communication entre les qubits. Si une observation est effectuée, alors une cascade de communications quantiques entre les éléments du système est déclenchée. La mesure d'un paramètre fixe les valeurs de tous les autres et c'est précisément ce type d'effet qui est utile en cryptographie quantique et même dans la téléportation quantique.

L'indétermination de la mécanique quantique interdit en réalité la téléportation telle que décrite dans la plupart des œuvres de science-fiction, celle par laquelle un scientifique prend toute l'information contenue dans un corps pour le réassembler ailleurs ; on ne peut obtenir toute l'information, du fait du principe d'incertitude : téléporter un homme, ou même une mouche, est donc impossible. Une version quantique est cependant possible, en manipulant des systèmes intriqués. Si deux personnes, souvent baptisées Alice et Bob par les physiciens, partagent une paire de photons intriqués, Alice peut réaliser des expériences sur son photon de manière à transférer toute l'information originale au photon intriqué de Bob. Le photon de Bob devient indiscernable de celui d'Alice, bien que ce ne soit qu'une reproduction. Que ceci soit ou non une véritable téléportation n'est pas la question. Aucun photon ni aucune information ne voyagent ici, et donc Alice et Bob pourraient fort bien être sur des faces opposées de l'univers et agir malgré tout simultanément sur leurs photons intriqués.

La cryptographie quantique est basée sur l'utilisation de l'intrication quantique comme clé de cryptage. L'émetteur et le destinataire doivent chacun être en possession d'une partie d'un système intriqué. Un message brouillé peut être diffusé publiquement, la seule clé permettant de le décoder étant, elle, envoyée au destinataire particulier par le biais de connexions quantiques. Ceci offre l'avantage que, si le message est intercepté, toute observation le détruira (en en modifiant l'état quantique), de sorte qu'il ne peut être utilisé qu'une seule fois et lu uniquement par quelqu'un qui sait exactement quelles expériences quantiques doivent être réalisées pour le lire, via la clé.

L'intrication nous révèle qu'il est tout bonnement faux de considérer que notre monde existe sous une forme donnée, indépendamment de nos observations et de nos mesures. Un objet fixé dans l'espace, cela n'existe pas : il n'y a que de l'information. Nous ne pouvons que rassembler de l'information au sujet du monde et l'organiser comme bon nous semble, de manière à ce qu'elle fasse sens. L'univers est un océan d'information ; la forme que nous lui assignons est secondaire.

« Il semble que Dieu lui-même soit limité par le principe d'incertitude et ne puisse connaître simultanément la position et la vitesse d'une particule. Alors, Dieu joue-t-il aux dés avec l'univers ? Tous les éléments tendent à montrer qu'il serait un joueur invétéré, jetant les dés à la moindre occasion. »

Stephen Hawking, 1993

idée clé
Messagerie instantanée

30 Le principe d'exclusion de Pauli

Le principe d'exclusion de Pauli explique la rigidité et l'imperméabilité de la matière – pourquoi nous ne nous enfonçons pas dans le sol et pourquoi notre main ne passe pas à travers une table. C'est aussi lui qui se cache derrière les étoiles à neutrons et les naines blanches. Les règles de Pauli s'appliquent aux électrons, aux protons et aux neutrons, touchant ainsi toute la matière. Le principe énonce qu'aucune paire de ces particules ne saurait avoir simultanément le même ensemble de nombres quantiques.

Qu'est-ce qui donne à la matière sa rigidité ? Les atomes sont essentiellement constitués de vide, alors comment se fait-il que nous ne puissions les écraser comme une éponge ni faire passer des matériaux les uns à travers les autres comme du fromage à travers une râpe ? Savoir pourquoi la matière habite l'espace est l'une des plus grandes questions de la physique. Si tel n'était pas le cas, nous coulerions jusqu'au centre de la Terre et passerions à travers les planchers, et les immeubles ne tiendraient pas debout.

Pas pareil Le principe d'exclusion de Pauli, conçu par Wolfgang Pauli en 1925, explique pourquoi des atomes ne peuvent coexister en un même point de l'espace. Pauli suggéra que le comportement quantique des atomes et des particules signifiaient qu'ils devaient suivre certaines règles leur interdisant d'avoir la même fonction d'onde, ou, ce qui est équivalent, d'avoir les mêmes propriétés quantiques. Pauli formula son principe en tentant d'expliquer le comportement des électrons dans les atomes. On savait que les électrons préféraient certains niveaux d'énergie, certaines orbitales autour du noyau. Mais les électrons se répartissaient sur les différentes orbitales plutôt que de tous occuper le niveau le plus bas. Il semblait qu'ils remplissaient les orbitales selon des règles que Pauli entreprit de déterminer.

Tout comme la physique de Newton s'exprime en termes de force, de quantité de mouvement et d'énergie, la mécanique quantique possède son propre ensemble de

chronologie

1925 Pauli propose le principe d'exclusion

1933 Découverte du neutron. L'existence d'étoiles à neutrons est prédite paramètres. Le spin quantique est l'analogue du moment cinétique, par exemple, mais il est quantifié et ne peut prendre que certaines valeurs. Dans la résolution de l'équation de Schrödinger, il faut quatre nombres quantiques pour décrire toute particule – trois coordonnées spatiales et une quatrième, le spin. Les règles de Pauli stipulent que deux électrons ne sauraient avoir quatre nombres quantiques identiques. Deux électrons ne peuvent se trouver au même endroit au même moment avec les mêmes propriétés. Ainsi, lorsque le nombre d'électrons dans un atome augmente, lorsque l'atome devient plus lourd par exemple, les électrons remplissent graduellement les places qui leur sont allouées, dans des couches de plus en plus élevées – comme les sièges d'un petit théâtre se remplissant petit à petit, depuis la scène.

Fermions Les règles de Pauli s'appliquent à tous les électrons ainsi qu'aux autres particules dont le spin quantique est un multiple demi-entier de l'unité fondamentale, par exemple le neutron et le proton. De telles particules s'appellent des fermions, du nom du physicien italien Enrico Fermi. Les fermions ont des fonctions d'onde asymétriques, qui changent de signe, dans l'équation de Schrödinger. Le spin possède également une direction, et donc des fermions peuvent se trouver côte à côte à condition d'avoir des spins opposés : deux électrons peuvent peupler le niveau d'énergie le plus bas à condition d'avoir des spins anti-alignés.

Les briques fondamentales de la matière – électrons, protons, neutrons - étant toutes des fermions, le principe d'exclusion de Pauli dicte le comportement des atomes. Aucune de ces particules ne pouvant partager son état quantique avec une autre, les atomes possèdent une rigidité intrinsèque. Les électrons répartis dans les différents niveaux d'énergie ne peuvent être tous concentrés sur l'orbitale la plus proche du noyau ; en fait, ils résistent à la compression avec beaucoup de force. Donc, deux fermions quels qu'ils soient ne peuvent, au théâtre, partager une même place.

Crack quantique Les étoiles à neutrons et les naines blanches doivent leur existence au principe d'exclusion de Pauli. Lorsqu'une étoile arrive en fin de vie et ne dispose plus d'aucun combustible, elle implose : sa propre gravité, colossale, attire toutes les couches gazeuses vers son centre. En s'effondrant, une partie du gaz est expulsée au loin (comme dans les supernovæ), mais les nuées ardentes qui demeurent se contractent encore plus. À mesure que les atomes sont écrasés les uns contre les autres, les électrons résistent de plus en plus au « compactage ». Ils occupent les couches les plus basses qu'ils peuvent sans violer le principe de Pauli, bloquant l'effondrement de l'étoile par cette seule « pression de dégénérescence ». Les naines

1967

Découverte du premier pulsar
(un type d'étoile à neutrons)

WOLFGANG PAULI 1900–1959

Wolfgang Pauli est essentiellement connu pour avoir proposé le principe d'exclusion ainsi que l'existence du neutrino. Pauli fut un étudiant précoce, en Autriche, lisant les œuvres d'Einstein et écrivant des articles sur la relativité. Heisenberg le décrivait comme un oiseau de nuit qui travaillait dans les cafés et fréquentait rarement les cours du matin. Pauli connut de nombreux problèmes personnels, dont le suicide de sa mère, un mariage qui tourna court et un problème d'alcool. Il consulta le psychologue suisse Carl Jung, qui enregistra des centaines de rêves de Pauli. La vie de Pauli s'éclaira lorsqu'il se remaria, mais malheureusement la Seconde Guerre mondiale éclata. Depuis les États Unis, il travailla pour essayer de maintenir en vie la science européenne. Il retourna à Zurich après la guerre et reçut le Prix Nobel en 1945. Vers la fin de sa vie, il s'intéressa aux aspects plus philosophiques de la mécanique quantique et à ses parallèles en psychologie.

blanches sont des étoiles de la masse du Soleil mais concentrées dans des sphères de la taille de la Terre. Elles sont si denses qu'un morceau de naine blanche de la taille d'un sucre peut peser une tonne.

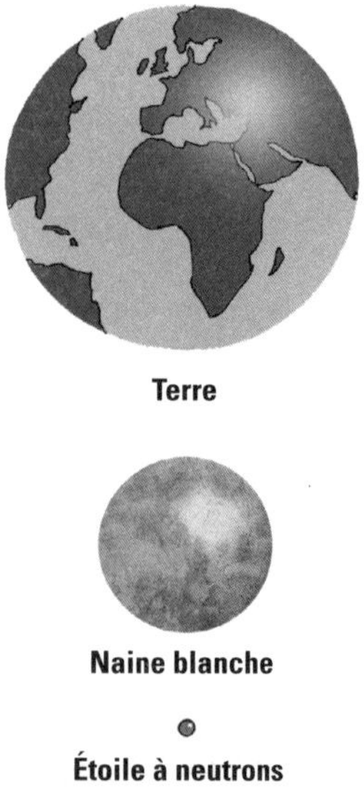

Pour les étoiles ayant une auto-gravitation plus grande, en particulier les étoiles de plus d'1,4 masses solaires (limite dite de Chandrasekhar), l'effondrement ne s'arrête pas là. Dans une deuxième phase, protons et électrons fusionnent pour former des neutrons, et l'étoile géante finit par se réduire à une balle condensée de neutrons.

Comme nous l'avons vu, les neutrons sont des fermions et ne peuvent se trouver à plusieurs dans le même état quantique. La pression de dégénérescence vient à nouveau arrêter l'effondrement, mais l'étoile se réduit cette fois-ci à une sphère d'un rayon de quelques dizaines de kilomètres, concentrant toute la masse du Soleil, voire de plusieurs soleils, en une région de la longueur de Manhattan. Les étoiles à neutrons sont si denses qu'un morceau de même densité et de la taille d'un sucre pèserait plus de cent millions de tonnes. Dans le cas où la gravité demeure plus forte, par exemple pour les étoiles les plus grosses, un effondrement plus poussé encore finit par conduire à la formation d'un trou noir.

« L'importance de savoir pourquoi tous les électrons d'un atome dans son état fondamental ne se trouvent pas dans la couche la plus centrale a déjà été soulignée par Bohr [...] Aucune explication de ce phénomène ne pouvait être donnée sur la base de la mécanique classique. »

Wolfgang Pauli, 1945

Bosons Les règles de Pauli ne s'appliquent qu'aux fermions. Les particules dont le spin est un multiple entier de l'unité fondamentale, qui possèdent des fonctions d'onde symétriques, sont appelées « bosons », d'après le physicien indien Satyendranath Bose. Les bosons comprennent entre autres des particules associées aux forces fondamentales, comme les photons, et certains noyaux symétriques, comme celui de l'hélium (qui contient deux protons et deux neutrons). N'importe quel nombre de bosons peut occuper le même état quantique et ceci peut conduire à un comportement de groupe. Un exemple en est le laser, dans lequel un grand nombre de photons d'une même couleur agissent de manière coordonnée.

D'abord apparu comme une extension du modèle de l'atome de Bohr, le principe d'exclusion de Pauli précéda de peu les grandes avancées de la physique quantique défendues par Heisenberg et Schrödinger. C'est un fondement de l'étude du monde atomique et, contrairement à bon nombre d'aspects de la physique quantique, il a des conséquences sur lesquelles on peut réellement mettre le doigt.

idée clé
Cette place est libre ?

31 La supraconductivité

À des températures très basses, certains métaux et alliages conduisent l'électricité avec une résistance nulle. Le courant peut parcourir ces supraconducteurs pendant des milliards d'années sans perdre la moindre énergie. Le couplage des électrons et leur mouvement commun, dépourvu des habituelles collisions qui sont la cause de la résistance électrique, font qu'ils approchent un état de mouvement perpétuel.

Lorsque le mercure est refroidi à une température de quelques degrés au-dessus du zéro absolu, il conduit l'électricité sans la moindre résistance. C'est ce que découvrit en 1911 le physicien néerlandais Heike Onnes en plongeant du mercure dans de l'hélium liquide à 4,2 kelvins (soit 4,2 degrés au-dessus du zéro absolu). Exhibant une résistance nulle, ce morceau de mercure fut le premier matériau supraconducteur de l'histoire. Peu après, un comportement similaire fut observé dans d'autres métaux refroidis, dont le plomb et des composés comme le nitrure de niobium. Toute résistance disparaissait en dessous d'une température critique dont la valeur dépendait du matériau.

Mouvement perpétuel Une des conséquences de la résistance nulle est qu'un courant électrique peut parcourir un matériau supraconducteur pour toujours ; dans les laboratoires, certains courants circulent depuis des années et les physiciens estiment que ces courants pourraient circuler pendant des milliards d'années sans perdre d'énergie. Nous sommes là au point le plus proche du mouvement perpétuel jamais atteint par les scientifiques.

Pensée de groupe Les physiciens se demandèrent comment une transition d'une telle importance pouvait se produire à basse température. L'existence de températures critiques suggérait une transition de phase rapide, et les physiciens se penchèrent donc sur le comportement quantique des électrons dans un métal. La mécanique quantique donnait quelques pistes, et diverses idées furent avancées dans les années 1950. En 1957, les physiciens américains John Bardeen, Leon Cooper et John Schrieffer proposèrent une explication complète convaincante de la supraconductivité dans les métaux et les alliages simples, théorie appelée aujourd'hui

chronologie

1911
Onnes découvre la supraconductivité

1925
Prédiction de l'existence des condensats de Bose-Einstein

1933
La répulsion des champs magnétiques par les supraconducteurs est mise en évidence

1940
Découverte de composés supraconducteurs

Les superfluides

Les superfluides sont des fluides de viscosité nulle, qui peuvent de ce fait s'écouler dans un tube éternellement sans frottement. La superfluidité est connue depuis les années 1930. Un exemple est l'hélium-4 super-refroidi (masse atomique 4, fait de deux protons, deux neutrons et deux électrons). Les atomes d'hélium-4 sont des bosons, constitués de paires de fermions.

Les superfluides se comportent de manière très étrange lorsqu'on les place dans un contenant – ils peuvent monter le long des parois du contenant, en une couche de l'épaisseur d'un atome. On peut créer une fontaine en insérant un tube capillaire chauffé, car le superfluide ne peut soutenir un gradient de température (sa conductivité thermique est infinie) et la chaleur entraîne immédiatement un changement de pression. Si l'on fait tourner sur lui-même un seau contenant un superfluide, quelque chose d'étrange se produit (cf. page 4) : dénué de viscosité, le fluide ne se met d'abord pas en rotation, mais, si l'on tourne plus vite, au-delà d'un certain point critique, le superfluide commence soudain à tourner, à des vitesses bien définies – car sa vitesse de rotation est quantifiée.

BCS. L'idée était que la supraconductivité apparaissait du fait du comportement étrange qu'adoptent les électrons lorsqu'ils sont appariés.

Les paires d'électrons, appelés paires de Cooper, interagissent avec le réseau des atomes métalliques via des oscillations qui les lient. Un métal est un réseau de noyaux chargés positivement dans lequel une « mer » d'électron flotte librement. Lorsque le métal est très froid, et le réseau immobile, le passage d'un électron chargé négativement exerce une légère force d'attraction sur les nœuds positifs du réseau et les décale, comme une ondelette. Un autre électron passant à proximité peut être attiré par cette région légèrement plus dense en charges positives et les deux électrons deviennent couplés. Le second suit le premier. Ceci se produit pour un grand nombre d'électrons dans le métal et de nombreuses paires d'électrons se lient et forment un motif d'onde en mouvement.

Un électron seul doit obéir au principe d'exclusion de Pauli, qui interdit à des particules aux fonctions d'onde asymétriques (les fermions) d'occuper un même état quantique. Ainsi lorsqu'un grand nombre d'électrons se trouvent en un même point,

1957 Théorie BCS de la supraconductivité

1986 Supraconducteurs à température élevée

1995 Observation de condensats de Bose-Einstein en laboratoire

Les condensats de Bose-Einstein

À des températures très basses, des groupes de bosons peuvent se comporter de manière très étrange. Près du zéro absolu, de nombreux bosons peuvent occuper le même état quantique, rendant le comportement quantique visible à des échelles bien plus grandes. D'abord prédits par Albert Einstein en 1925, se basant sur les idées du physicien indien Satyendranath Bose, les condensats de Bose-Einstein ne furent pas observés avant 1995. Eric Cornell et Carl Wieman de l'université du Colorado et, un peu plus tard, Wolfgang Ketterle du MIT, observèrent ce comportement dans un gaz d'atomes de rubidium refroidis à 170 milliardièmes de kelvin. Dans un condensat, tous les atomes ont la même vitesse, brouillée uniquement par le principe d'incertitude. Les condensats se comportent comme des superfluides. Les bosons peuvent partager des états quantiques identiques. Einstein imagina que le fait de refroidir des bosons en dessous d'une température critique très basse les ferait tomber (se condenser) dans l'état quantique de plus basse énergie, ce qui produirait un nouvel état de la matière. Les condensats sont fragiles, et il est encore trop tôt pour des applications pratiques, mais ils ont beaucoup à nous apprendre sur la mécanique quantique.

ils doivent avoir des énergies différentes – c'est ce qui se produit habituellement dans un atome ou dans un métal. Mais lorsque des électrons sont appariés et se comportent somme une seule particule, ils ne suivent plus cette règle. Leur fonction d'onde globale devient symétrique et, ensemble, ils ne constituent plus un fermion mais un boson. Et, en tant que bosons, les paires d'électrons peuvent avoir la même énergie, ce qui a pour conséquence que l'ensemble des paires d'électrons possède une énergie globale légèrement inférieure à celle qu'auraient des électrons libres dans le même métal. Et c'est cette différence d'énergie qui induit la rapide transition de phase que l'on observe à basse température dans les propriétés du métal.

Lorsque l'énergie thermique du réseau est inférieure à cette différence d'énergie, on observe un flux continu de paires d'électrons couplées aux vibrations du réseau, caractéristique de la supraconductivité. Les oscillations du réseau alimentant les mouvements sur de grandes distances, la résistance au passage du courant est nulle – toutes les paires d'électrons se déplacent les unes par rapport aux autres. Évitant les collisions avec le réseau d'atomes, les paires d'électrons se conduisent comme un superfluide s'écoulant sans rencontrer d'obstacles. À des températures plus élevées, les paires de Cooper se rompent et perdent leurs propriétés bosoniques. Les électrons peuvent percuter les ions du réseau, qui sont maintenant plus chauds et qui vibrent individuellement, ce qui entraîne l'apparition d'une résistance électrique. La transition entre les deux états se produit rapidement lorsque les électrons passent d'un flux coordonné de bosons à des mouvements désordonnés de fermions et vice versa.

Des supraconducteurs chauds La technologie des supraconducteurs décolla dans les années 1980. En 1986, des chercheurs suisses découvrirent un nouveau type de matériaux céramiques qui devenaient supraconducteurs à des températures relativement chaudes – les « supraconducteurs à haute température ». Leur premier alliage, constitué de lanthane, de baryum, de cuivre et d'oxygène (ce que l'on appelle les oxydes de cuivre ou cuprates), exhibait une transition de phase vers la supraconductivité à 30 kelvins. Un an plus tard, d'autres chercheurs concevaient un matériau qui devenait supraconducteur à 90 kelvins, une température supérieure à celle de l'azote liquide, très utilisé dans les laboratoires comme liquide réfrigérant. Avec des céramiques à base de pérovskite et des cuprates mercureux (enrichi au thallium), on arrive aujourd'hui à fabriquer des matériaux supraconducteurs ayant des températures critiques de 140 kelvins ou même plus à haute pression.

Ces céramiques étaient censées êtres isolantes, ce fut donc totalement inattendu et les physiciens sont toujours en quête d'une nouvelle théorie permettant d'expliquer la supraconductivité à haute température. Le développement de ces matériaux constitue aujourd'hui un domaine de la physique en évolution rapide, susceptible de révolutionner l'électronique.

Quelles sont les applications des supraconducteurs ? Ils permettent de fabriquer des électroaimants très puissants, comme ceux que l'on utilise dans les scanners IRM des hôpitaux ou dans les accélérateurs de particules. On pourra un jour les utiliser dans des transformateurs à haut rendement ou des trains à lévitation magnétique. Mais à cause des basses températures encore requises aujourd'hui pour leur fonctionnement, leurs applications demeurent limitées. D'où la quête de supraconducteurs à haute température, qui auraient, eux, des applications spectaculaires.

idée clé
Inutile de résister

32 L'atome de Rutherford

Les atomes ne sont pas les plus petites briques de la matière, comme on l'avait pensé un temps. Au début du vingtième siècle, des physiciens tels Ernest Rutherford pénétrèrent à l'intérieur de l'atome, révélant l'existence de couches électroniques puis d'un noyau dur de protons et de neutrons. Pour rendre compte de la cohésion du noyau, il fallut inventer une nouvelle force fondamentale – la force nucléaire forte. L'ère atomique était née.

L'idée selon laquelle la matière est constituée de nuées d'atomes minuscules remonte aux Grecs. Mais tandis que les Grecs avaient pensé que l'atome était la partie la plus élémentaire, indivisible, de la matière, les physiciens du XXe siècle réalisèrent que ce n'était pas le cas et commencèrent à explorer la structure interne de l'atome lui-même.

Le pudding aux prunes La première couche à être explorée fut celle de l'électron. Les électrons furent scindés des atomes en 1887 par J. J. Thomson qui envoya un courant électrique à travers un gaz contenu dans un tube de verre. En 1904, Thomson proposa un modèle de l'atome dit « pudding aux prunes », dans lequel des électrons chargés négativement se répartissaient comme des prunes ou des raisins dans une pâte de charge positive. On pourrait l'appeler aujourd'hui le modèle du muffin aux myrtilles. L'atome de Thomson consistait essentiellement en un nuage de charge positive contenant des électrons, électrons qui pouvaient être arrachés relativement facilement. Les électrons comme les charges positives pouvaient se mélanger à travers le « pudding ».

Le noyau Peu après, en 1909, Ernest Rutherford peinait à interpréter le résultat d'une expérience qu'il avait réalisée, dans laquelle de lourdes particules alpha étaient envoyées sur une feuille d'or suffisamment fine pour que la majorité des particules la traversent directement. Mais, à la grande surprise de Rutherford, une fraction des particules avait rebondi sur la feuille. Elles avaient changé de direction à 180°,

chronologie

1887
Thomson découvre l'électron

1904
Thomson propose le modèle du « pudding aux prunes »

1909
Rutherford réalise son expérience sur une feuille d'or

ERNEST RUTHERFORD 1871–1937

Le Néo-Zélandais Ernest Rutherford était un alchimiste des temps modernes, qui parvint à transformer un élément, l'azote, en un autre, l'oxygène, grâce à la radioactivité. Chef charismatique du Cavendish Laboratory à Cambridge, il fut le mentor de nombreux futurs Prix Nobel. On le surnommait « le crocodile » et cet animal demeure encore aujourd'hui le symbole du laboratoire. En 1910, ses recherches sur la diffraction de particules alpha et la nature de la structure interne de l'atome le conduisirent à la découverte du noyau.

comme si elles avaient percuté un mur de briques. Il comprit qu'à l'intérieur des atomes d'or qui constituaient la feuille se trouvait quelque chose de suffisamment massif et suffisamment dur pour repousser les particules alpha.

Rutherford réalisa que le modèle de Thomson ne pouvait pas expliquer cela. Si un atome n'était rien autre qu'une pâte de particules positives et négatives, aucune ne serait suffisamment lourde pour renvoyer les particules alpha, plus grosses. Donc, raisonna-t-il, les atomes d'or doivent avoir un cœur dense, un noyau, comme les fruits. Ainsi naquit le domaine de la physique nucléaire, la physique du noyau de l'atome.

« C'était presque comme si vous aviez fait feu sur un mouchoir en papier et que l'obus vous était revenu dans la figure. »

Ernest Rutherford, 1909

Isotopes Les physiciens savaient comment calculer les masses des différents éléments du tableau périodique, ils connaissaient donc les poids relatifs des atomes. Mais il était plus difficile de voir comment les charges étaient agencées. N'ayant connaissance que des électrons et du noyau chargé positivement, Rutherford essaya d'équilibrer les charges en supposant que le noyau était constitué d'un mélange de protons (des particules chargées positivement qu'il découvrit en 1918 en isolant le noyau d'hydrogène) et d'électrons venant partiellement neutraliser la charge. Les autres électrons tournaient autour du noyau, dans les orbitales habituelles de la physique quantique. L'hydrogène, l'élément le plus léger, possède un noyau contenant un seul proton, avec en électron en orbite autour de lui.

1911	1918	1932	1934
Rutherford propose le modèle nucléaire	Rutherford isole le proton	Chadwick découvre le neutron	Yukawa propose la force nucléaire forte

Trois d'un type

Les substances radioactives émettent trois types de radiations, appelées alpha, bêta et gamma. Les rayons alpha consistent en un faisceau de noyaux d'hélium lourds, comprenant deux protons et deux neutrons. Étant lourdes, les particules alpha ne vont pas très loin avant de dissiper leur énergie dans des collisions. Elles peuvent être arrêtées facilement, par une simple feuille de papier. Un second type de radiation correspond aux particules bêta – très légères et chargées négativement. Les particules bêta peuvent aller plus loin que les particules alpha mais peuvent être stoppées par du métal, par exemple de l'aluminium. En troisième position viennent les rayons gamma, qui sont des ondes électromagnétiques, associées à des photons, et ne transportent donc aucune masse mais une grande quantité d'énergie. Les rayons gamma sont intrusifs et difficiles à arrêter : il faut des blocs denses, de béton ou de plomb. Les trois types de radiation sont émis par des atomes instables que nous qualifions de radioactifs.

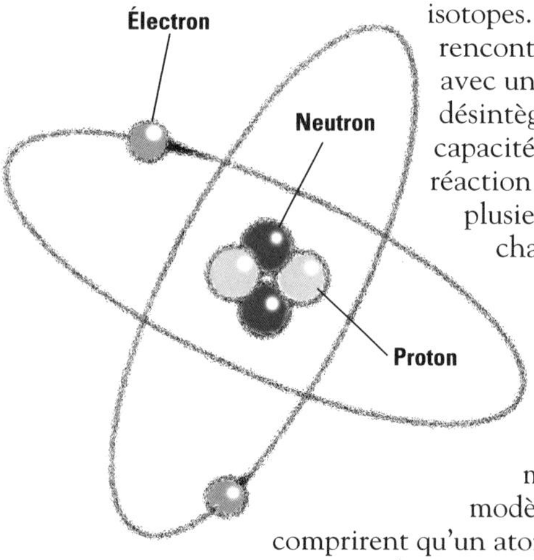

On connaissait d'autres formes d'éléments avec des masses étranges, que l'on appelait isotopes. Le carbone pèse généralement 12 unités atomiques, mais on le rencontre parfois avec un poids de 14 unités, Le carbone-14 est instable, avec une demi-vie (le temps qu'il faut pour que la moitié des atomes se désintègrent en émettant une particule radioactive) de 5 730 ans et la capacité d'émettre une particule bêta pour devenir de l'azote-14. Cette réaction est utilisée pour dater des vestiges archéologiques vieux de plusieurs milliers d'années, comme les cendres d'un feu de bois ou de charbon.

Les neutrons Au début des années 1930, un nouveau type de « radiation » fut découvert, suffisamment « lourd » pour arracher des protons à la paraffine, mais électriquement neutre. À Cambridge, le physicien James Chadwick montra que ce nouveau rayonnement était en fait une particule neutre de même masse que le proton. Il fut baptisé « neutron » et le modèle de l'atome fut adapté en conséquence. Les scientifiques comprirent qu'un atome de carbone-12 par exemple contenait 6 protons et 6 neutrons dans son noyau (ce qui lui donnait une masse de 12 unités atomiques) et 6 électrons en orbite. Les protons et les neutrons peuvent être rassemblés sous l'appellation « nucléons ».

La force forte Le noyau est absolument minuscule comparé aux dimensions globales de l'atome avec son voile d'électrons. Cent mille fois plus petit que l'atome, le noyau ne fait que quelques femtomètres (10^{-15} mètre, soit un millionième de milliardième de mètre) de diamètre. Si on agrandissait un atome jusqu'à ce qu'il fasse la taille de la Terre, le noyau en son centre ne ferait que 10 kilomètres de large, soit la largeur de Paris intra-muros. Et pourtant, le noyau abrite quasiment toute la masse de l'atome en un seul lieu minuscule, pouvant contenir des dizaines de protons. Qu'est-ce qui maintient toutes ces charges positives les unes sur les autres dans un espace si réduit ? Pour surmonter la répulsion électrostatique des charges positives et maintenir la cohésion du noyau, il fallait une force d'un genre nouveau, que les physiciens appelèrent force nucléaire forte.

« Rien n'existe que des atomes et du vide ; tout le reste n'est qu'opinion. »

Democrite,
460–370 av. J.-C.

Si l'on rapproche deux protons, ils commencent par se repousser en raison de leur charge (suivant la loi de Coulomb en inverse carré). Mais si on les rapproche encore plus, la force nucléaire forte les colle l'un à l'autre. La force forte n'apparaît qu'à de très petites distances, mais elle est bien plus grande que la force électrostatique. Si on tente encore de rapprocher les protons plus avant, ils résistent, comme s'ils étaient des sphères dures – il existe donc une limite en deçà de laquelle on ne peut les rapprocher. Ceci signifie que le noyau est fermement soudé, très compact et très dur.

En 1934, Hideki Yukawa proposa l'idée de particules spéciales – appelées mésons – responsables de la force forte, agissant d'une manière similaire aux photons. Protons et neutrons seraient collés les uns aux autres par l'échange de mésons. Aujourd'hui encore, les raisons pour lesquelles la force nucléaire forte n'agit que sur des distances aussi courtes demeurent un mystère – pourquoi est-elle si faible en dehors du noyau et si forte à l'intérieur ? Tout se passe comme si elle soudait les nucléons ensemble à une distance précise. La force nucléaire forte est l'une des quatre forces fondamentales, avec la gravitation, l'électromagnétisme et une autre force nucléaire appelée force faible.

idée clé
Cœur endurci

33 Antimatière

Les vaisseaux spatiaux munis de « moteurs à antimatière » relèvent de la science-fiction, mais l'antimatière existe bel et bien et l'on en a même fabriqué sur Terre. Image de la matière dans un miroir, dotée d'une énergie négative, l'antimatière ne peut exister longtemps en présence de matière – les deux s'annihilent dans un flash d'énergie si elles entrent en contact. L'existence même de l'antimatière suggère des symétries profondes en physique des particules.

Marchant dans la rue, vous tombez sur un duplicata de vous-même. C'est votre jumeau d'antimatière. Lui serrez-vous la main ? L'antimatière fut prédite dans les années 1920 et observée dans les années 1930 en rapprochant la physique quantique et la relativité. C'est une forme d'image inversée de la matière, pour laquelle les charges, les énergies et les autres propriétés quantiques ont toutes un signe opposé à celui qu'elles ont dans la matière. Donc un anti-électron, appelé positron, possède la même masse qu'un électron mais une charge positive. De même, les protons et les autres particules ont des jumeaux d'antimatière.

> **« Pour chaque milliard de particules d'antimatière, il y avait un milliard et une particules de matière, si bien qu'à l'issue de l'annihilation mutuelle, un milliardième des particules initiales demeura – et c'est notre univers actuel. »**
>
> **Albert Einstein, 1879–1955**

Énergie négative En écrivant une équation pour l'électron, en 1928, le physicien britannique Paul Dirac vit qu'elle laissait ouverte la possibilité que les électrons aient une énergie négative plutôt que positive. Tout comme l'équation $x^2 = 4$ possède les solutions $x = 2$ et $x = -2$, il y avait deux manières de résoudre l'équation de Dirac : celle avec une énergie positive était attendue, associée à l'électron classique, mais celle avec une énergie négative semblait ne pas avoir de sens. Cependant, plutôt que d'ignorer cette solution, Dirac suggéra que de telles particules pouvaient exister en réalité. Cet état

chronologie

1928
Dirac déduit de son équation l'existence de l'antimatière

1932
Anderson détecte le positron

complémentaire de la matière est ce que l'on appelle « anti »-matière.

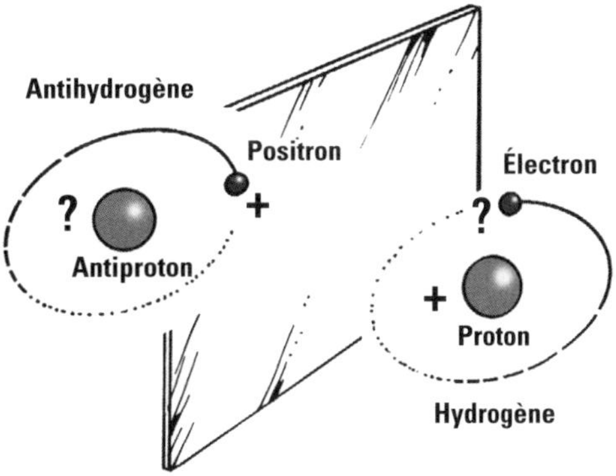

Antiparticules La quête d'antimatière ne tarda pas à démarrer. En 1932, Carl Anderson apporta une confirmation expérimentale de l'existence des positrons. Il observait les trajectoires des douches de particules produites par les rayons cosmiques (des particules énergétiques venues de l'espace qui entrent dans l'atmosphère) et il vit la trajectoire d'une particule de même masse que l'électron mais chargée positivement. L'antimatière n'était plus abstraite : elle existait bel et bien.

Il fallut deux décennies avant la découverte d'une autre antiparticule, l'antiproton. Les physiciens construisirent de nouvelles machines pour accélérer les particules à l'aide de champs magnétiques. Ces puissants faisceaux de protons ultrarapides atteignirent des énergies suffisamment élevées pour faire apparaître l'antiproton, en 1955. Peu après, l'antineutron fut lui aussi observé.

Était-il possible, avec l'équivalent de briques fondamentales d'antimatière, de construire un anti-atome ou, au moins, un anti-noyau ? La réponse, qui vint en 1965, était positive. Un anti-noyau d'hydrogène lourd (antideutéron), constitué d'un antiproton et d'un antineutron fut fabriqué par les scientifiques du CERN à Genève et un autre par ceux du laboratoire de Brookhaven en Amérique. Il fallut un peu plus longtemps pour réussir à lier un positron et un antiproton et ainsi fabriquer un anti-atome d'hydrogène (de l'antihydrogène) ; ce fut chose faite en 1995. Aujourd'hui, les expérimentateurs essaient de voir si l'anti-hydrogène se comporte comme l'hydrogène.

Sur Terre, les physiciens peuvent créer de l'antimatière dans les accélérateurs de particules, tels que celui du CERN à Genève ou celui du Fermilab près de Chicago. Lorsque les faisceaux de particules et d'antiparticules se rencontrent, ils s'annihilent dans un flash d'énergie pure. La masse est transformée en énergie suivant le célèbre $E = mc^2$ d'Einstein. Donc, si vous veniez à rencontrer votre anti-jumeau, ce ne serait peut-être pas une si bonne idée que cela de le serrer dans vos bras.

1955 Détection des antiprotons

1965 Premier anti-noyau artificiel

1995 Création d'atomes d'antihydrogène

PAUL DIRAC 1902–1984

Paul Dirac était un physicien britannique talentueux mais timide. Une plaisanterie à son sujet disait que son vocabulaire se limitait à « Oui », « Non » et « Je ne sais pas ». Il déclara un jour : « J'ai appris à l'école à ne pas commencer une phrase sans en savoir la fin. » Il compensait son manque d'aisance à l'oral par ses capacités mathématiques. Sa thèse de doctorat est demeurée célèbre de par sa puissance et sa concision ; il y présentait une nouvelle description mathématique de la physique quantique. Il unifia partiellement les théories quantiques et relativistes, mais il est également connu pour son travail extraordinaire sur le monopôle magnétique et pour sa prédiction de l'antimatière. Prix Nobel en 1933, Dirac songea d'abord à le refuser pour éviter la publicité. Mais il abandonna lorsqu'on lui dit que la publicité serait plus grande encore s'il le refusait. Dirac n'invita pas son père à la cérémonie, peut-être en raison de différends suite au suicide de son frère.

Asymétries universelles Si l'antimatière jonchait l'univers, de tels épisodes d'annihilation surviendraient sans cesse. Matière et antimatière se détruiraient progressivement l'une l'autre. Puisque nous n'observons rien de tel, cela signifie qu'il ne peut pas y avoir beaucoup d'antimatière autour de nous. En fait, la matière normale est, de très loin, le seul type très répandu de particule que nous observions. Il devait donc y avoir à l'origine, au moment de la création de l'univers, un déséquilibre qui fit que la matière normale se trouva en plus grande quantité que son homologue d'antimatière.

> **« En science, on cherche à exprimer ce que personne ne sait encore de façon à ce que tout le monde comprenne. Mais en poésie, c'est exactement l'inverse. »**
>
> **Paul Dirac, 1902–1984**

Comme toutes les images en miroir, les particules et leurs antiparticules sont liées par diverses symétries. L'une est le temps. Du fait de leur énergie négative, les antiparticules sont mathématiquement équivalentes à des particules normales remontant le temps. Par exemple, un positron peut être vu comme un électron voyageant du futur vers le passé. La symétrie suivante implique la charge et d'autres propriétés quantiques inversées ; c'est ce que l'on appelle la « conjugaison de charge ». Une troisième symétrie concerne le mouvement. En revenant au principe de Mach, les mouvements demeurent inchangés si l'on modifie la direction des axes de coordonnées de l'espace. Une particule se déplaçant de gauche à droite n'est pas différente d'une particule se déplaçant de droite à gauche, pas plus qu'elle n'est différente si elle tourne dans le sens des aiguilles d'une montre ou dans le sens inverse. Cette symétrie de « parité » est valable pour la plupart des particules, à quelques exceptions près. Les neutrinos n'existent que sous une seule forme, sinistrogyre, ne tournant que dans une direction ; il n'y a pas de neutrino dextrogyre. La réciproque est vraie pour les antineutrinos, tous dextrogyres. La symétrie de parité peut donc être brisée, mais une combinaison de la conjugaison de charge et de la parité est, elle, toujours conservée, c'est ce qu'on appelle la symétrie charge-parité ou CP.

« L'opposé d'une phrase vraie est une phrase fausse. Mais l'opposé d'une vérité profonde pourrait bien être une autre vérité profonde. »

Niels Bohr, 1885–1962

Tout comme les chimistes constatent que certaines molécules préfèrent telle ou telle chiralité, sans raison évidente, le fait que l'univers contienne essentiellement de la matière plutôt que de l'antimatière demeure énigmatique. Une minuscule fraction – moins de 0,01 % – de l'univers est constituée d'antimatière. Mais l'univers contient aussi des formes d'énergie sans masse, dont un grand nombre de photons. Il est donc possible qu'une grande quantité de matière et d'antimatière ait été créée au moment du Big Bang avant de s'annihiler mutuellement peu après. Seule demeure la partie émergée de l'iceberg. Un déséquilibre minuscule en faveur de la matière suffirait à expliquer sa prédominance actuelle. Pour cela, la survie d'une particule de matière sur 10 000 000 000 (10^{10}) serait suffisante, le reste étant annihilé une fraction de seconde après le Big Bang. La matière restante fut probablement préservée grâce à une légère asymétrie due à une violation de la symétrie CP.

Les particules qui ont pu être concernées par cette asymétrie sont un type de bosons lourds, appelés bosons X, qui n'ont pas encore été observés. Ces particules massives se désintègrent d'une manière légèrement déséquilibrée, donnant une légère surproduction de matière. Il se peut également que les bosons X interagissent avec les protons et les conduisent à se désintégrer, ce qui serait une mauvaise nouvelle signifiant que toute la matière devrait finir par disparaître en un nuage de particules encore plus petites. Mais la bonne nouvelle est que l'échelle de temps de ce phénomène serait très longue. Le fait que nous soyons ici et que personne n'ait jamais vu un proton se désintégrer signifie que les protons sont très stables et ont une durée de vie d'au moins 10^{17}-10^{35} années, soit des milliards de milliards de milliards d'années, infiniment plus long que l'âge actuel de l'univers. Mais la possibilité demeure ouverte que, si l'univers devient vraiment très vieux, alors même la matière normale pourra, un jour, disparaître.

idée clé
La matière dans un miroir

34 La fission nucléaire

La fission nucléaire est l'un des hauts et des bas de la science. Sa découverte marqua un grand bon dans notre compréhension de la physique nucléaire, et ouvrit la voie de l'énergie nucléaire. Mais la guerre fit que cette nouvelle technologie fut presque immédiatement appliquée à l'armement, avec les bombes atomiques qui détruisirent Hiroshima et Nagasaki et les problèmes de prolifération qui durent depuis lors.

Au début du XXe siècle, le monde intérieur de l'atome commença d'être révélé. Comme une poupée russe, il contenait des couches successives d'électrons entourant un noyau. Au début des années 1930, on parvint à ouvrir le noyau lui-même, découvrant un assemblage de protons chargés positivement et de neutrons électriquement neutres, tous deux bien plus lourds que l'électron, et soudés ensemble par la force nucléaire forte. Parvenir à libérer cette énergie de liaison devint un Graal pour les scientifiques.

Rupture La première tentative fructueuse de fission du noyau eut lieu en 1932. Cockroft et Walton, à Cambridge, en Angleterre, bombardèrent des métaux avec des protons ultrarapides. Les métaux changèrent de composition et libérèrent de l'énergie suivant le $E = mc^2$ d'Einstein. Mais il fallait fournir plus d'énergie à cette expérience qu'elle n'en libérait, et les physiciens pensèrent donc qu'il n'était pas possible de récolter l'énergie nucléaire pour une utilisation commerciale.

En 1938, les scientifiques allemands Otto Hahn et Fritz Strassmann bombardèrent un élément lourd, l'uranium, avec des neutrons pour essayer de créer des éléments encore plus lourds. Ils obtinrent au lieu de cela des éléments plus légers, certains d'une masse moitié moins grande que l'uranium, Comme si le noyau se scindait en deux quand on le bombardait avec quelque chose d'une masse représentant moins d'un demi pour cent de la sienne, comme si une pastèque se scindait en deux après avoir été percutée par une cerise. Hahn décrivit ce résultat dans une lettre à Lise

chronologie

1932 James Chadwick découvre le neutron

1938 Découverte de la fission atomique

Meitner, leur collègue exilée en Suède pour fuir l'Allemagne hitlérienne. Meitner demeura tout aussi perplexe et en discuta avec son neveu physicien, Otto Frisch. Meitner et Frisch comprirent que de l'énergie devait être libérée lors de la fission du noyau, du fait que les deux morceaux représentaient globalement une énergie moindre. De retour au Danemark, Frisch ne put contenir son enthousiasme et évoqua cette idée à Niels Bohr, qui était sur le point de s'embarquer pour l'Amérique. Bohr y travailla pendant la traversée et apporta la nouvelle au physicien italien Enrico Fermi, à l'université de Columbia.

> **« [...] progressivement nous vînmes à l'idée que, peut-être, il ne fallait pas imaginer le noyau tranché en deux par un hachoir et que l'image, qui était celle de Bohr, du noyau comme une goutte de liquide était plus juste. »**
>
> **Otto Frisch, 1967**

Meitner et Frisch publièrent leur article avant celui de Bohr, introduisant le terme « fission », emprunté au vocabulaire biologique de la division des cellules. À New York, Fermi et l'exilé hongrois Léo Szilárd réalisèrent que cette réaction de l'uranium devait produire des neutrons surnuméraires susceptibles d'entraîner la fission d'autres noyaux d'uranium et ainsi de suite, créant une réaction en chaîne (une réaction qui s'auto-entretient). Fermi réalisa la première réaction en chaîne en 1942, à l'université de Chicago (sous le terrain de football).

L'énergie nucléaire

En dessous d'un seuil critique, les réactions en chaînes peuvent rester stables et être utilisées dans des centrales nucléaires. Des barres de contrôles en bore permettent de réguler le flux de neutrons dans l'uranium en absorbant les neutrons surnuméraires. Il faut également un liquide réfrigérant pour absorber la chaleur dégagée par les réactions de fission. L'eau est le choix le plus courant, mais la vapeur d'eau, l'hélium gazeux ou le sodium liquide peuvent également être utilisés. De nos jours, la France est leader mondial sur le plan de l'énergie nucléaire, celle-ci représentant plus de 70 % du total contre environ 20 % au Royaume Uni et aux États-Unis.

1942 Première observation d'une réaction en chaîne

1945 Bombes atomiques sur le Japon

1951 Première centrale nucléaire pour la production d'électricité

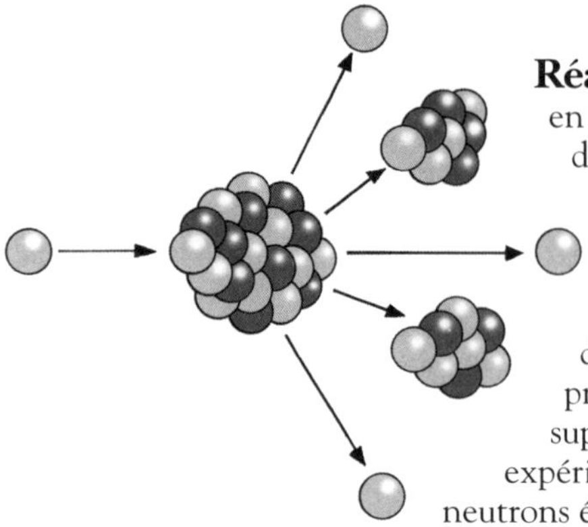

Réaction en chaîne Le physicien Arthur Compton se souvenait en ces termes de cet événement : « Sur le balcon se tenaient une douzaine de scientifiques surveillant les instruments et manipulant les commandes. De l'autre côté de la pièce se trouvait une grande pile de blocs d'uranium et de graphite dans lesquels nous espérions voir se déclencher une réaction en chaîne. Il y avait, insérées dans des ouvertures ménagées à travers les blocs, des barres de contrôles et de sécurité. Après quelques tests préliminaires, Fermi donna l'ordre de reculer d'un pied supplémentaire la barre de contrôle. Nous savions que la véritable expérience allait commencer. Les compteurs Geiger enregistrant les neutrons émis par le réacteur commencèrent à cliqueter de plus en plus vite jusqu'à ne plus faire entendre qu'un crépitement continu. La réaction prit de l'ampleur jusqu'au point où les radiations pouvaient représenter un danger au niveau de la plateforme où nous nous trouvions. « Lancez les barres de sûreté » commanda Fermi. Le crépitement des compteurs redevint une lente série de clics. Pour la première fois, l'énergie nucléaire avait été libérée, contrôlée et arrêtée. Quelqu'un tendit à Fermi une bouteille de vin italien et quelques acclamations montèrent. »

Le projet Manhattan Szilárd craignait tant que les scientifiques allemands ne parvinssent à reproduire leur exploit qu'il consulta Albert Einstein et qu'ils envoyèrent une lettre conjointe au président Roosevelt en 1939 pour le mettre en garde. Cependant, il ne se passa pas grand-chose jusqu'en 1941, date à laquelle des physiciens, réunis au Royaume Uni, révélèrent un calcul montrant à quel point il serait aisé de construire une arme atomique. Ceci coïncida avec l'attaque de Pearl Harbor et Roosevelt décida bientôt de lancer le programme nucléaire américain, appelé projet Manhattan. Le physicien de Berkeley, Robert Oppenheimer en prit la tête, dans une base secrète et isolée, à Los Alamos, au Nouveau Mexique.

Les déchets nucléaires

Les réacteurs à fission sont de bons producteurs d'énergie mais ils génèrent des déchets radioactifs. Les plus dangereux de ces déchets sont les restes du combustible uranium, qui peuvent demeurer radioactifs pendant des milliers d'années, et même des centaines de milliers d'années pour les éléments plus lourds (comme le plutonium). Ces déchets dangereux ne sont produits qu'en toutes petites quantités, mais l'extraction de l'uranium de son minerai et d'autres processus laissent tout une série de déchets secondaires. La manière de retraiter ces déchets est une question qui reste débattue à travers le monde.

À l'été de 1942, l'équipe d'Oppenheimer conçut des mécanismes de bombe atomique. Pour enclencher la réaction en chaîne conduisant à l'explosion, une masse critique d'uranium était nécessaire, mais devait être maintenue séparée avant la détonation. Deux techniques étaient privilégiées, un mécanisme à « percussion » par lequel, pour atteindre la masse critique, on envoyait un morceau d'uranium dans un autre à l'aide d'explosifs traditionnels, et un mécanisme d'« implosion » dans lequel des explosifs conventionnels entraînaient l'effondrement d'une sphère d'uranium sur un cœur de plutonium.

« J'ai pensé que ce jour serait à marquer d'une pierre noire dans l'histoire de l'humanité [...] J'étais aussi conscient du fait qu'il fallait faire quelque chose si les Allemands se dotaient de la bombe [...] Ils avaient les gens pour le faire [...] Nous n'avions pas le choix, ou du moins nous avons pensé que nous n'avions pas le choix. »

Léo Szilárd, 1898–1964

L'uranium existe sous deux formes, ou isotopes, ayant des nombres différents de neutrons dans leurs noyaux. L'isotope le plus courant, l'uranium-238, est dix fois plus répandu que l'autre, l'uranium 235. C'est l'uranium-235 qui est le plus efficace pour une bombe à fission, aussi l'uranium brut subit-il un processus d'enrichissement en uranium-235. Le plutonium-239 est instable et sa fission produit encore plus de neutrons par gramme ; ajouter du plutonium peut donc permettre de déclencher la réaction en chaîne plus facilement. La méthode à percussion fut utilisée avec de l'uranium enrichi pour construire le premier type de bombe, appelée « Little Boy ». La bombe sphérique à implosion fut également construite, et baptisée « Fat Man ».

Le 6 août 1945, « Little Boy » était lâché sur Hiroschima. Trois jours plus tard, « Fat Man » détruisait Nagasaki. Chaque bombe représentait l'équivalent de 20 000 tonnes de dynamites ; elles tuèrent entre 70 000 et 100 000 personnes sur le coup, et deux fois plus à terme.

idée clé
Casser l'atome

35 La fusion nucléaire

Tous les éléments qui nous entourent, même ceux qui nous composent, sont les produits de réactions de fusion nucléaire. La fusion alimente des étoiles telles que le Soleil, où tous les éléments plus lourds que l'hydrogène sont cuisinés. Nous sommes donc réellement poussière d'étoile. Si nous parvenons à récolter sur Terre l'énergie des étoiles, la fusion pourrait être la voie vers une énergie propre et illimitée.

La fusion nucléaire est la combinaison de noyaux atomiques légers pour former des noyaux plus lourds. Pressés l'un contre l'autre suffisamment fort, des atomes d'hydrogène peuvent fusionner pour donner de l'hélium, en libérant de l'énergie – beaucoup d'énergie – au passage. Graduellement, en construisant des noyaux de plus en plus lourds à travers une série de réactions de fusion, tous les éléments que nous voyons autour de nous peuvent être créés en partant de zéro.

> **« Je vous demande de regarder des deux côtés. Car la route vers la compréhension des étoiles passe par l'atome, et de grandes avancées sur l'atome furent réalisées grâce aux étoiles. »**
>
> **Sir Arthur Eddington, 1928**

Étroite étreinte Il est extrêmement difficile de faire fusionner même les plus légers des noyaux, l'hydrogène. Cela requiert des températures et des pressions considérables ; dans la nature, la fusion ne se produit donc que dans des endroits extrêmes, comme l'intérieur du Soleil et d'autres étoiles. Pour que deux noyaux fusionnent, les forces qui soudent chacun d'entre eux doivent être surmontées. Or les noyaux, constitués de protons et de neutrons, sont soudés par la force nucléaire forte, qui domine à l'échelle minuscule du noyau et devient nettement plus faible à l'extérieur du noyau. Les protons étant tous chargés positivement, leurs charges électriques se repoussent, tendant à les écarter les uns des autres. Mais la force forte est plus puissante et le noyau reste soudé.

Étant donné que la force nucléaire forte agit sur une échelle de distance extrêmement réduite, sa puissance est globalement plus grande pour de petits noyaux que pour des

chronologie

1920
Eddington applique l'idée de la fusion aux étoiles

1932
La fusion de l'hydrogène est réalisée en laboratoire

noyaux plus lourds, comme l'uranium avec ses 238 nucléons, dans lesquels l'attraction mutuelle entre des nucléons situés sur des côtés opposés du noyau ne sera pas aussi forte. La force de répulsion électrostatique, en revanche, est encore ressentie à cette échelle et devient donc relativement plus forte pour des noyaux plus grands, d'autant plus que le nombre de charges positives contenues dans le noyau est plus élevé. L'effet cumulé de ceci est que l'énergie nécessaire pour souder le noyau, ramenée en moyenne par nucléon, augmente avec la masse atomique jusqu'aux éléments nickel et fer, qui sont très stables, puis diminue à nouveau pour les noyaux plus gros. La fission des noyaux plus gros survient donc relativement facilement, puisqu'ils peuvent être déstabilisés par un petit choc.

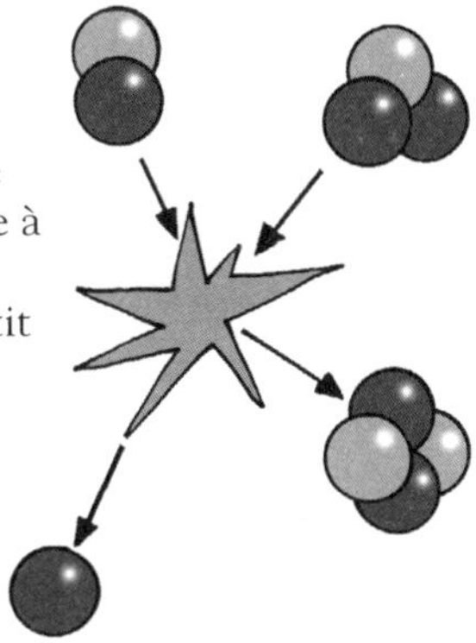

Pour la fusion, la barrière de potentiel à surmonter est moindre pour les isotopes d'hydrogène contenant un seul proton. L'hydrogène existe sous trois formes : l'hydrogène « normal » constitué d'un seul proton autour duquel tourne un électron ; le deutérium ou hydrogène lourd, avec un proton, un électron et un neutron ; le tritium, avec deux neutrons est encore plus lourd. La réaction de fusion la plus simple est donc la combinaison d'hydrogène et de deutérium pour former du tritium et un proton isolé. Bien qu'elle soit la plus simple, il faut des températures de 800 millions de kelvins pour l'initier (c'est pourquoi le tritium est si rare).

Les réacteurs à fusion Sur Terre, les physiciens essaient de reproduire ces conditions extrêmes dans des réacteurs à fusion pour générer de l'énergie. Ils sont toutefois encore à des décennies d'un succès sur ce plan. Même les réacteurs à fusion les plus avancés consomment plus d'énergie qu'ils n'en génèrent, avec une différence de plusieurs ordres de grandeur.

L'énergie de fusion est le Graal de la production d'énergie. Comparés à leurs homologues à fission, les réacteurs à fusion sont relativement propres et, s'ils fonctionnaient, seraient beaucoup plus efficaces. Très peu d'atomes sont nécessaires pour produire de grandes quantités d'énergie (d'après l'équation d'Einstein, $E = mc^2$), il y a très peu de déchets et rien d'aussi mauvais que les éléments ultralourds sortant des réacteurs à fission. La fusion ne produit pas non plus de gaz à effet de serre, ce qui laisse entrevoir une source d'énergie fiable et indépendante, à condition que l'on puisse produire son combustible, hydrogène et deutérium. La fusion n'est cependant

1939
Hans Bethe décrit les processus de fusion dans les étoiles

1946–1954
Fred Hoyle explique la synthèse d'éléments plus lourds

1957
Burbidge, Burbidge, Fowler et Hoyle publient un article demeuré célèbre sur la nucléosynthèse

La fusion froide

En 1989, le monde scientifique fut secoué par une annonce controversée. Martin Fleischmann et Stanley Pons annonçaient avoir réalisé une fusion nucléaire non pas dans un énorme réacteur mais dans un tube à essais. En faisant passer du courant électrique dans de l'eau lourde (de l'eau dont les atomes d'hydrogène sont remplacés par du deutérium), les deux collègues pensaient avoir produit de l'énergie par fusion « froide ». Pour eux, leur expérience libérait plus d'énergie qu'elle n'en consommait, grâce à la fusion. Ceci sema le trouble. La plupart des scientifiques pensèrent que Fleischmann et Pons s'étaient trompés dans leurs bilans d'énergie, mais, encore aujourd'hui, la question n'est pas tranchée. D'autres annonces de fusion réalisée en laboratoire ont surgi de temps à autre. En 2002, Rudi Taleyarkhan suggéra que la fusion pouvait être derrière le phénomène de sono-luminescence, dans lequel des bulles, dans un fluide, émettent de la lumière lorsqu'on les stimule avec des ultrasons. Le jury délibère encore quant à savoir si la fusion peut être réalisée dans un bécher.

pas parfaite : elle produit quelques éléments radioactifs comme des neutrons qui doivent être éliminés.

Aux très hautes températures, la difficulté principale est de contrôler les gaz brûlants : même si l'on est parvenu à réaliser la fusion dans des réacteurs, ces machines monstrueuses ne peuvent fonctionner que quelques secondes d'affilée. Pour tenter de surmonter la nouvelle barrière technologique, une équipe internationale de scientifique collabore pour construire un réacteur à fusion encore plus grand, à Cadarache dans le sud de la France, réacteur baptisé International Thermonuclear Experimental Reactor (ITER), qui permettra de tester la faisabilité commerciale de la fusion.

Poussière d'étoile Les étoiles sont les réacteurs à fusion de la nature. Le physicien allemand Hans Bethe décrivit le mécanisme qui leur permet de briller en transformant des noyaux d'hydrogène (des protons) en noyaux d'hélium (deux protons et deux neutrons). Des particules supplémentaires (positrons et neutrinos) sont impliquées dans la réaction, de sorte que deux protons sont transformés en neutrons.

Au cœur des étoiles, les éléments sont fabriqués les uns après les autres, cuisinés par la fusion selon une recette précise. Des noyaux toujours plus gros sont produits, dans une succession de « combustions ». D'abord l'hydrogène, puis l'hélium, puis les éléments plus légers que le fer et, pour finir, les éléments plus lourds. Les étoiles comme le Soleil brillent surtout grâce à l'hydrogène qu'elles fusionnent en hélium à un rythme assez lent pour que les éléments lourds ne soient produits qu'en petites quantités. Dans les étoiles plus grosses, la présence d'éléments comme le carbone, l'azote et l'oxygène accélèrent la réaction. Les éléments lourds sont alors produits plus vite. Dès que de l'hélium est présent, du carbone peut être synthétisé (trois atomes d'hélium-4 fusionnent, via le béryllium-8, instable). Une fois le carbone synthétisé, il peut se combiner avec l'hélium pour former de l'oxygène, du néon et du magnésium. Ces transformations lentes occupent la majeure partie de la vie d'une étoile. Les éléments plus lourds comme le fer sont synthétisés dans des réactions légèrement différentes, et on arrive petit à petit à toute la séquence de noyaux du tableau périodique.

Premières étoiles Les premiers éléments légers furent synthétisés non dans des étoiles mais dans la fournaise du Big Bang. Au début, l'univers était si chaud que même les atomes n'étaient pas stables. À mesure qu'il se refroidit, l'hydrogène apparut, avec quelques traces d'hélium et de lithium et de minuscules quantités de béryllium. Ce furent les premiers ingrédients primordiaux. Les éléments plus lourds furent synthétisés dans et autour des étoiles puis dispersés dans l'espace lors d'explosions appelées supernovæ. Cependant, nous ne comprenons pas comment les premières étoiles se sont allumées. La toute première ne contenait aucun élément lourd, seulement de l'hydrogène, elle n'a pas pu se refroidir suffisamment vite pour s'effondrer sur elle-même et allumer son moteur à fusion. Le processus d'effondrement gravitationnel entraîne le réchauffement et l'expansion de l'hydrogène gazeux. Les éléments lourds peuvent l'aider à se refroidir, si bien qu'après la première génération d'étoiles, les autres sont faciles à construire. Mais la formation de la première d'entre ellles continue de défier les théoriciens.

« Nous sommes des fragments d'une étoile qui s'est refroidie par hasard, des fragments d'une étoile ratée. »

Sir Arthur Eddington, 1882–1944

La fusion est une source d'énergie fondamentale de l'univers. Si nous pouvions la canaliser, nos soucis d'énergies pourraient ne plus être que mauvais souvenir. Mais cela signifie être capable de moissonner ici bas la considérable puissance des étoiles – ce n'est pas chose facile.

idée clé
Pouvoir d'étoiles

36 Le modèle standard

Protons, neutrons et électrons ne sont que la partie émergée de l'iceberg en physique des particules. Les protons et les neutrons sont constitués de quarks, plus petits, les électrons sont accompagnés par les neutrinos et les forces sont assurées par toute une série de bosons, dont les photons. Le « modèle standard » rassemble tout ce zoo de particules sur un seul et même arbre généalogique.

Pour les Grecs, les atomes étaient les plus petits constituants de la matière. Ce ne fut pas avant la fin du XIXe siècle que des ingrédients plus petits, d'abord les électrons puis les protons et les neutrons, furent détachés de l'atome. Ces trois particules constituent-elles finalement les briques élémentaires de la matière ?

> **« Même s'il n'existe qu'une seule théorie unifiée possible, ce n'est qu'un ensemble de règles et d'équations. Qu'est-ce qui allume la flamme dans ces équations et leur donne un univers à décrire ? »**
>
> **Stephen Hawking, 1988**

Eh bien non. Même les protons et les neutrons sont granuleux. Ils se composent de particules plus petites appelées quarks. Et ce n'est pas tout. Tout comme les photons véhiculent les forces électromagnétiques, une myriade d'autres particules transmettent les autres forces fondamentales. Les électrons sont indivisibles, eux, pour autant que nous sachions, mais ils sont appariés avec les neutrinos, des particules de masse quasi nulle. Et les particules ont toutes leur double d'antimatière. Tout cela peut sembler assez compliqué, et c'est le cas, mais cette pléthore de particules peut être comprise dans un cadre unique appelé « modèle standard de la physique des particules ».

Excavation Au début du XXe siècle, les physiciens savaient que la matière était constituée de protons, de neutrons et d'électrons. Niels Bohr avait décrit, par la théorie quantique, la manière dont les électrons se répartissaient dans une série de couches autour du noyau, comme les planètes en orbite autour du Soleil. Les

chronologie

400 av. J.-C.
Démocrite formule l'hypothèse atomique

propriétés du noyau étaient encore plus étranges. Malgré la répulsion entre charges positives, les noyaux pouvaient contenir des dizaines de protons et neutrons comprimés en un minuscule noyau dur, limité par la fine et précise force nucléaire forte. Mais à mesure que l'étude de la radioactivité apporta de nouvelles connaissances sur la désintégration des noyaux (via la fission) ou leur formation (via la fusion), il devint évident que de nouveaux phénomènes étaient en attente d'explication.

D'abord, la synthèse d'hélium à partir d'hydrogène dans le Soleil fait intervenir une autre particule, le neutrino, qui transforme les protons en neutrons. En 1930, l'existence du neutrino fut imaginée, pour expliquer la désintégration d'un neutron en un proton et un électron – la radioactivité bêta. Le neutrino lui-même ne fut pas découvert avant 1956, étant de masse quasi nulle. Ainsi, dans les années 1930 beaucoup de fils demeuraient libres ; tirant sur ceux-ci, on découvrit de nombreuses nouvelles particules dans les années 1940 et 1950.

De ces recherches sortit le modèle standard, sorte d'arbre généalogique des particules subatomiques. Il existe ainsi trois types fondamentaux de particules élémentaires, les « hadrons » constitués de « quarks », d'autres appelés « leptons » qui comprennent les électrons, puis les particules (des bosons) qui transmettent les forces, tels les photons. Chaque quark et chaque lepton possèdent également une antiparticule.

Les quarks Dans les années 1960, en bombardant des protons et des neutrons avec des électrons, les physiciens constatèrent qu'ils contenaient des particules encore plus petites, baptisées quarks. Les quarks fonctionnent par trois. Ils ont trois « couleurs » : rouge, bleu et vert. Tout comme les électrons et les protons portent une charge électrique, les quarks portent une « charge de couleur », qui se conserve lorsque les quarks passent d'un type à l'autre. La couleur des quarks n'a rien à voir avec les couleurs usuelles – c'est simplement que les physiciens ont dû se montrer inventifs et trouver une manière arbitraire de qualifier les étranges propriétés quantiques des quarks.

Les quarks

Les quarks tiennent leur nom d'une phrase de James Joyce, dans son *Finnegans Wake*, pour décrire le cri des mouettes : il écrivit qu'elles poussaient « trois quarks » d'acclamations.

De même que les charges électriques produisent une force, les charges de couleur (les quarks) exercent des forces les unes sur les autres. La force de couleur est transmise par une particule appelée « gluon » et elle

1930 Wolfgang Pauli prédit l'existence du neutrino

1956 Détection des neutrinos

Années 1960 L'existence des quarks est suggérée

1995 Découverte du quark « haut »

> **« La créativité dans l'esprit humain [...] émerge d'une manière tout aussi mystérieuse que ces particules élémentaires qui viennent à une vie éphémère dans les grands cyclotrons pour disparaître aussitôt tels des fantômes infinitésimaux. »**
>
> **Sir Arthur Eddington, 1928**

est d'autant plus forte que les quarks sont distants ; ils demeurent donc collés les uns aux autres, comme ceints d'un élastique invisible. L'intensité de la force de couleur est telle que les quarks ne peuvent exister isolés et qu'ils appartiennent toujours à des combinaisons globalement neutres en termes de couleur. Parmi les possibilités, on trouve des triplettes appelées « baryons » (« bary » signifie lourd), dont les protons et les neutrons, ou des paires quark-antiquark (appelées mésons).

Outre leur charge de couleur, les quarks sont de 6 différentes types ou « parfums ». Trois paires constituent chaque génération de masse croissante. Les plus légers sont « up » et « down », puis viennent les « strange » et « charm » et enfin les plus lourds, « top » et « bottom ». Les quarks up, charm et top ont une charge électrique de + 2/3 et les down, strange et bottom de - 1/3. Ce sont des charges électriques fractionnelles comparées à celles du proton (+1) et de l'électron (– 1). Il faut donc trois quarks pour faire un proton (deux ups et un down) ou un neutron (deux downs et un up).

Les leptons La deuxième catégorie de particules, les leptons, inclut les électrons. Il y a encore trois générations de leptons de masse croissante : électrons, muons et taus. Les muons sont 200 fois plus lourds que les électrons, les taus 3 700 fois. Les leptons portent une seule unité de charge électrique négative. Ils sont aussi associés à une particule sans charge appelée neutrino (neutrino-électron, neutrino-muon et neutrino-tau). Les neutrinos sont quasi dépourvus de masse et n'interagissent pas avec grand-chose. Ils peuvent traverser la Terre sans s'en apercevoir et sont de ce fait difficiles à attraper. Tous les leptons possèdent des antiparticules leur correspondant.

Les interactions Les forces fondamentales sont transmises par le biais de particules. De même qu'une onde électromagnétique peut être vue comme un faisceau de photons, on peut considérer que la force nucléaire faible est le fait des particules W et Z et que la force nucléaire forte est transmise par les gluons. Comme les photons, ces particules sont des bosons, qui peuvent occuper à plusieurs le même état quantique au même moment. Les quarks et les leptons sont des fermions et ne le peuvent pas.

Éclatement de particules Comment connaissons-nous toutes ces particules subatomiques ? Dans la seconde moitié du XXe siècle, les physiciens ont mis au jour les rouages des atomes et des particules en employant la force brute : en les faisant éclater. On dit parfois que la physique des particules revient à écraser une montre suisse au marteau et à en étudier les débris pour comprendre le mécanisme. Les accélérateurs de particules utilisent des aimants géants pour accélérer des particules jusqu'à des vitesses considérables avant de les envoyer s'écraser sur une cible ou sur un autre faisceau de particules se mouvant dans la direction opposée. À des vitesses modestes, les particules se brisent et les générations les plus légères de particules élémentaires sont libérées. L'équivalence masse-énergie signifie qu'un faisceau d'énergie plus élevée sera nécessaire pour libérer les dernières générations de particules, plus lourdes.

Les particules produites dans ces collisioneurs d'atomes doivent ensuite être identifiées, ce que les physiciens font en photographiant leurs trajectoires à travers un champ magnétique. Dans un champ magnétique, les particules chargées positivement tournent d'un côté, celles chargées négativement de l'autre. La masse de la particule détermine quant à elle la vitesse, ainsi que le rayon de courbure de sa trajectoire dans le champ magnétique. Des particules légères auront une trajectoire à peine incurvée mais des particules lourdes peuvent aller jusqu'à faire des boucles. En relevant leurs caractéristiques dans le détecteur et en les comparant aux prévisions théoriques, les physiciens peuvent dire de quelle particule il s'agit.

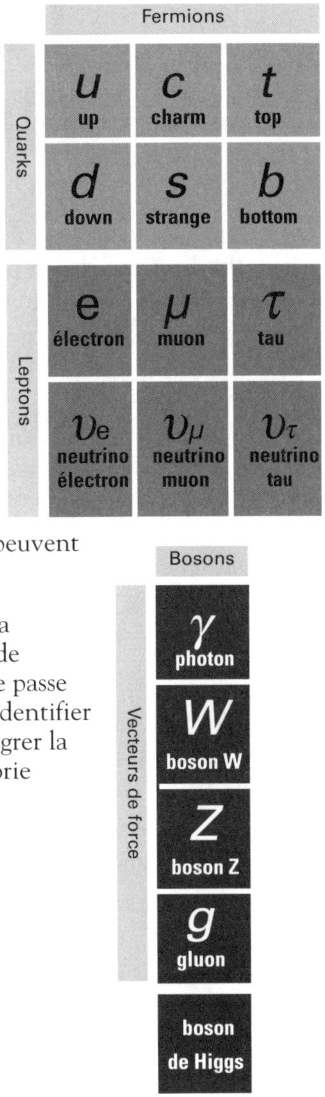

Un point qui demeure pour l'instant en dehors du modèle standard est la gravitation. Le « graviton », c'est-à-dire la particule vecteur de la force de gravitation, demeure pour l'instant théorique. Contrairement à ce qui se passe dans le cas de la lumière, il n'y a à ce jour aucun élément permettant d'identifier une « granulosité » de la gravitation. Certains physiciens essaient d'intégrer la gravitation dans le modèle standard, ce qui aboutirait à une grande théorie unifiée (GTU). Mais nous en sommes encore loin.

idée clé
Tous de la famille

37 Les diagrammes de Feynman

Les diagrammes de Feynman sont d'astucieux schémas qui remplacent des équations compliquées en physique des particules. Chaque interaction entre particule peut être représentée par trois flèches se rencontrant en un point, deux symbolisant les particules incidentes et émergentes et une représentant la particule portant la force. En additionnant ces diagrammes, les physiciens peuvent calculer les probabilités que les interactions se produisent.

Richard Feynman était un physicien californien charismatique, aussi célèbre pour la qualité de ses cours et de son jeu de tam-tam que pour ses talents de physicien. Il inventa un nouveau langage symbolique pour décrire les interactions entre particules, langage qui fut adopté par tous en raison de sa simplicité. En abréviation d'équations mathématiques compliquées, Feynman dessina simplement des flèches. Une flèche représente chaque particule, celle arrivant et celle partant, et une flèche ondulée indique l'interaction. Donc chaque interaction entre particules peut être représentée par trois flèches se rencontrant en un point, ou sommet. On peut représenter des interactions plus complexes en assemblant plusieurs de ces diagrammes.

Feynman était si enthousiaste au sujet de ses diagrammes qu'il les peignit sur son van. À quelqu'un qui lui demandait un jour pourquoi, il répondit « parce que je suis Richard Feynman ».

Les diagrammes de Feynman sont bien plus qu'un simple outil graphique au service des physiciens : ces diagrammes leur permettent de visualiser les mécanismes des interactions entre particules subatomiques, de plus, ils les aident à calculer la probabilité que cette interaction ait bien lieu.

Les schémas Les diagrammes de Feynman décrivent les interactions entre particules à l'aide de flèches représentant les trajectoires des particules. Les diagrammes sont généralement dessinés de manière à ce que le temps croisse vers la droite, les flèches représentant les particules arrivant et partant

chronologie

1927
Début des travaux sur la théorie quantique des champs

Années 1940
Développement de l'électrodynamique quantique

pointent donc vers la droite. Elles sont généralement inclinées pour signifier le mouvement. Pour les antiparticules, qui sont équivalentes à des particules remontant le temps, les flèches pointent vers la gauche. Voici quelques exemples.

Ce diagramme pourrait représenter un électron émettant un photon. L'électron incident (la flèche à gauche) subit une interaction électromagnétique au point d'intersection, ce qui produit un électron (la flèche à droite) et un photon (la ligne ondulée). L'identité de la particule n'est pas spécifiée – seulement l'interaction. Il pourrait tout autant s'agir d'un proton émettant un photon.

Ici, l'électron incident, ou une autre particule, absorbe un photon et donne un électron avec une énergie plus grande.

Maintenant les flèches sont dans l'autre sens, ce doit donc être des antiparticules. Ce diagramme pourrait correspondre à un antiélectron, un positron (flèche de gauche) absorbant un photon pour donner un autre positron (flèche de droite).

Ici, un électron et un positron se combinent et s'annihilent pour émettre un photon d'énergie pure.

On peut combiner deux ou trois sommets pour représenter une succession d'événements. Ici une particule et une antiparticule s'annihilent pour créer un photon qui se désintègre ensuite en une paire particule-antiparticule.

Ces sommets peuvent correspondre à de nombreux types différents d'interactions. Ils peuvent être utilisés pour n'importe quelle particule, les quarks comme les leptons, et les interactions correspondantes via les forces électromagnétique, nucléaire faible ou nucléaire forte. Ils suivent tous quelques règles fondamentales. L'énergie doit être conservée, les lignes incidentes et les lignes émergentes doivent être des particules réelles (comme des protons ou des neutrons mais pas des quarks libres qui ne peuvent exister isolés) mais les étapes intermédiaires peuvent faire intervenir n'importe quelle particule subatomique, du moment qu'*in fine* seules demeurent des particules réelles.

1945

Développement et utilisation des bombes atomiques

1975

Formulation de la chromodynamique quantique

RICHARD FEYNMAN 1918–1988

Richard Feynman était un physicien brillant et amusant. Il obtint le score maximal à l'examen d'entrée à Princeton et attira l'attention de gens comme Einstein. Enrôlé sur le projet Manhattan en tant que physicien junior, Feynman se vantait d'avoir regardé la première explosion en direct, se disant que le verre de la vitre suffisait à le protéger car il bloquerait les ultraviolets. S'ennuyant ferme dans le désert de Los Alamos, Feynman jouait à forcer les cadenas des casiers en devinant les combinaisons que les physiciens utilisaient, par exemple la base du logarithme naturel e = 2,71828... Il laissait des petits mots farceurs et observait ses collègues s'inquiéter de la possible présence d'un espion parmi eux. Il se mit aussi au tam-tam pour se distraire, ce qui lui donna une réputation d'excentrique. Après la guerre, Feynman rejoignit le Caltech (California Institute of Technology). L'enseignement lui plaisait beaucoup et il y gagna le surnom de « Great Explainer » (le « grand explicateur ») ; il fut l'auteur de plusieurs livres, dont le célèbre *Cours de physique de Feynman*. Il fit partie de la commission chargée d'enquêter sur l'explosion de la navette Challenger et ne mâcha pas ses mots. Parmi ses travaux, citons la QED, la physique des superfluides et la force nucléaire faible. Plus tard dans sa carrière, il initia l'informatique quantique et les nanotechnologies dans une conférence intitulée « Il y a plein de place là en bas ». Feynman avait l'esprit d'aventure et aimait voyager. Doué pour les langages symboliques, il essaya de déchiffrer les hiéroglyphes mayas. Le physicien Freeman Dyson écrivit un jour de Feynman qu'il était « mi-génie, mi-bouffon » avant de réviser son jugement en un « tout génie, tout bouffon ».

Ce diagramme représente une désintégration bêta. Sur la gauche, un neutron, composé de deux quarks « down » et d'un quark « up ». Au cours de l'interaction, il donne un proton, c'est-à-dire deux quarks up et un down, ainsi qu'un électron et un antineutrino. Deux interactions ont lieu en fait : un quark down du neutron se change en un quark up en émettant un boson W (représenté par la flèche ondulée), le médiateur de l'interaction faible. Le boson W se désintègre ensuite en un électron et un antineutrino. Le boson W n'apparaît donc pas dans les produits de l'interaction mais intervient dans une étape intermédiaire.

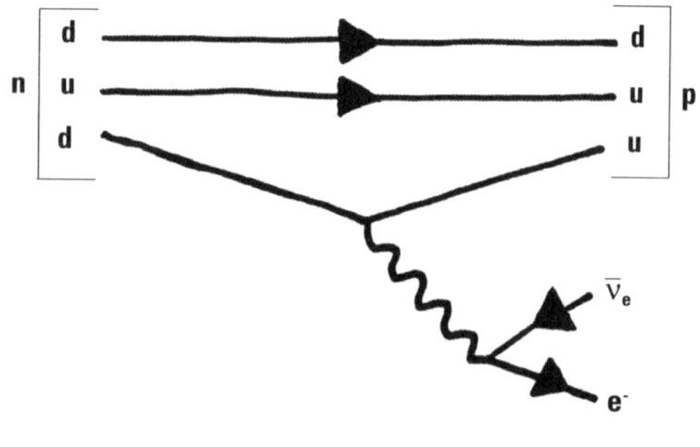

Probabilité Ces diagrammes ne se contentent pas d'être des raccourcis pratiques pour visualiser les interactions – ils peuvent aussi nous dire quelle est la probabilité de voir ces interactions se produire. Ce sont donc également de puissantes représentations mathématiques d'équations compliquées. Dans le calcul de la probabilité d'une interaction, il faut savoir combien il y a de manières différentes d'arriver au même résultat. C'est là que les diagrammes révèlent toutes leur puissance : en dessinant toutes les variantes de l'interaction, en incluant toutes les étapes intermédiaires possibles, on peut calculer les probabilités simplement en les comptant.

Des diagrammes semblables à ceux de Feynman furent utilisés par le physicien des particules John Ellis, qui les baptisa diagrammes pingouins, suite à un pari qu'il avait fait au bar avec un de ses étudiants : s'il perdait une partie de fléchettes, il devait utiliser le mot « pingouin » dans son prochain article. Ses diagrammes étaient agencés verticalement sur la page et il trouva qu'ils ressemblaient un peu à des pingouins. Le nom est resté.

QED C'est en travaillant sur l'électrodynamique quantique (QED) que Feynman eut l'idée de ses diagrammes, dans les années 1940. Le raisonnement initial en QED est assez similaire au principe de Fermat pour la propagation de la lumière : la lumière suit tous les chemins possibles, mais c'est le plus rapide qui est le plus probable, et dans lequel la majeure partie de la lumière se propage en phase. En appliquant une idée similaire aux champs électromagnétiques, la théorie quantique des champs se développa, à partir de 1927, et conduisit à la QED.

La QED décrit les interactions électromagnétiques, dont la médiation est assurée par l'échange de photons ; la QED parvient donc à combiner la mécanique quantique avec une description du champ électrique et des particules subatomiques. C'est en essayant de calculer les probabilités de toutes les interactions possibles que Feynman imagina sa notation graphique. Après la QED, les physiciens étendirent cette représentation aux interactions de couleur entre les quarks, ce qui conduisit à une théorie appelée chromodynamique quantique, ou QCD. Puis la QED et la force nucléaire faible furent combinées en une force « électrofaible ».

idée clé
L'approche du trident

38 La particule Dieu

En 1964, lors d'une randonnée dans les Highlands, le physicien Peter Higgs imagina un moyen de conférer leur masse aux particules. Il appela ceci « sa grande idée ». Les particules paraîtraient plus ou moins massives à cause d'un champ qui les ralentirait, champ aujourd'hui appelé champ de Higgs. Le médiateur en serait le boson de Higgs, baptisé « particule Dieu » par le prix Nobel Leon Lederman.

Pourquoi les choses ont-elles une masse ? Un camion est lourd parce qu'il contient beaucoup d'atomes, chacun pouvant être relativement lourd. L'acier contient des atomes de fer qui sont situés très loin dans la classification périodique des éléments. Mais pourquoi un atome est-il lourd ? Après tout, il est essentiellement constitué de vide. Pourquoi un proton est-il plus lourd qu'un électron, un neutrino ou un photon ?

Bien que les quatre forces, ou interactions, fondamentales aient été bien connues dès les années 1960, elles reposaient toutes sur des médiateurs assez différents. Les photons véhiculaient l'interaction électromagnétique, les gluons soudaient les quarks par la force nucléaire forte et les bosons W et Z assuraient la force nucléaire faible. Mais les photons n'ont pas de masse, alors que les bosons W et Z sont des particules très lourdes, cent fois plus lourdes qu'un proton. Pourquoi sont-elles aussi différentes ? La différence était d'autant plus grande que les théories des forces électromagnétique et nucléaire faible pouvaient être unifiées en une théorie électrofaible mais que cette théorie ne prédisait pas de masse particulière pour les bosons W et Z. Ils auraient au contraire dû, comme le photon, ne pas posséder de masse. Toute combinaison plus avancée de forces fondamentales rencontrait les mêmes problèmes, en particulier les tentatives de grande théorie unifiée. Les vecteurs de force devraient être dépourvus de masse. Pourquoi n'étaient-ils pas tous comme le photon ?

Au ralenti La grande idée de Higgs fut d'imaginer que ces vecteurs de forces puissent être ralentis par leur passage à travers un champ. Aujourd'hui appelé champ de Higgs, ce champ opérerait via des bosons dits de Higgs. Imaginez une perle lâchée dans un verre : il lui faudra plus de temps pour atteindre le fond du verre si celui est

chronologie

1687
Les *Principia* de Newton mettent la masse en équations

rempli d'eau que s'il est vide. Comme si la perle était plus lourde dans l'eau – il faut à la gravitation plus de temps pour la faire traverser le liquide. La même chose s'applique à vos jambes si vous marchez dans l'eau – elles semblent plus lourdes et votre progression est ralentie. La perle pourrait être encore plus lente si on la lâchait dans un verre de sirop. Le champ de Higgs agit d'une manière similaire, comme un liquide visqueux. La force de Higgs ralentit les autres vecteurs de forces, leur donnant ainsi une masse. Et elle agit plus sur les bosons W et Z que sur les photons, ce qui les fait paraître plus lourds.

« La chose évidente était d'essayer ça sur la plus simple des théories de jauge, l'électrodynamique – de briser sa symétrie pour voir ce qui se passait réellement. »

Peter Higgs, né en 1929

Ce champ de Higgs est assez semblable au cas d'un électron se déplaçant dans un réseau cristallin constitué de noyaux chargés positivement, comme un métal. L'électron est légèrement ralenti en raison de l'attraction qu'exercent toutes les charges positives, il paraît donc avoir une masse plus grande qu'en l'absence de ces ions. Ceci est un exemple de la force électromagnétique en action, avec les photons comme vecteurs. Le champ de Higgs fonctionne de manière similaire mais ce sont des bosons de Higgs qui transmettent la force. On peut aussi songer à une star de cinéma se rendant à une soirée pleine de Higgs : il serait difficile pour elle de traverser la pièce du fait de toute l'interaction sociale la ralentissant.

Si le champ de Higgs donne aux autres bosons médiateurs leur masse, quelle est la masse d'un boson de Higgs ? Et d'où tient-il sa propre masse ? N'est-ce pas un exemple de situation du type « l'œuf ou la poule » ? Malheureusement les théories ne prédisent pas de masse pour le boson de Higgs même si elles en prévoient la nécessité dans le cadre du modèle standard de la physique des particules. Les physiciens s'attendent donc à le voir, mais ils ignorent si ce sera ardu ou à quel moment cela arrivera (le boson de Higgs n'a pas encore été observé). Grâce aux recherches continuelles de particules ayant ses propriétés, nous savons que sa masse doit être supérieure aux énergies déjà atteintes expérimentalement. Le boson de Higgs est donc très lourd mais il nous faut encore attendre pour savoir à quel point exactement.

1964
Higgs à l'idée d'une source possible de la masse des particules

2007
Mise en chantier du LHC (Grand Collisionneur de Hadrons) au CERN

Rupture de symétrie dans les aimants

À des températures très élevées, tous les atomes d'un aimant sont désordonnés : leurs champs magnétiques intrinsèques pointent dans toutes les directions et le matériau n'est pas magnétique. Mais lorsque la température descend en dessous d'un certain point, appelé température de Curie, les dipôles magnétiques s'alignent et produisent un champ magnétique global non nul.

Pas de fumée sans feu La prochaine installation qui tentera de détecter le boson de Higgs est le LHC (Large Hadron Collider), ou Grand Collisionneur de Hadrons, au CERN, en Suisse. Le Centre Européen pour la Recherche Nucléaire est un très grand laboratoire de physique des particules situé près de Genève. Il abrite des anneaux souterrains, le plus grand étant un cercle de 27 km de long, situé 100 m sous terre. Dans le LHC, des aimants géants accéléreront des protons formant un faisceau à la trajectoire circulaire. Les protons seront continuellement accélérés ; deux faisceaux circulant en sens inverses seront créés et, lorsque la vitesse maximale aura été atteinte, les faisceaux seront dirigés l'un contre l'autre afin que les protons entrent violemment en collision frontale. Les énergies considérables alors libérées permettront l'apparition éphémère de toute une gamme de particules lourdes, qu'enregistreront les détecteurs, ainsi que les produits de leur désintégration si leur durée de vie est très courte. C'est l'objectif du LHC que de réussir à trouver une trace du boson de Higgs parmi des milliards de signatures d'autres particules. Les physiciens savent ce qu'ils cherchent, mais il sera difficile de mettre la main dessus. Le Higgs pourrait n'apparaître que pour une infime fraction de seconde, si les énergies sont suffisamment élevées, avant de disparaître en une cascade d'autres particules. Donc, plutôt que d'observer directement le Higgs, les physiciens devront tâcher de repérer un panache de fumée pour remettre les pièces du puzzle en ordre et en déduire son existence.

Symétrie brisée Quand un boson de Higgs pourrait-il apparaître ? Et comment passer de là aux photons et aux autres bosons ? Comme le boson de Higgs doit être très lourd, il ne peut apparaître qu'à des énergies extrêmes et, en raison du principe d'incertitude d'Heisenberg (cf. page 104), uniquement pour un temps très court. D'un point de vue théorique, on suppose que, dans l'univers primordial, toutes les forces étaient unifiées en une seule superforce. À mesure que l'univers s'est refroidi, les quatre forces fondamentales se sont distinguées, à travers un processus appelé rupture de symétrie.

Bien qu'il paraisse difficile à première vue d'imaginer une symétrie brisée, c'est en fait assez simple. Cette brisure correspond au moment où la symétrie d'un système disparaît du fait d'un seul événement. On peut considérer par exemple une table ronde dressée pour un dîner, avec couverts et serviettes. Elle est symétrique car quelle que soit la place où vous vous asseyez, la table a la même apparence. Mais dès qu'une personne prend sa serviette, la table perd sa symétrie – vous pouvez dire où vous vous trouvez par rapport à cette place. La symétrie a alors été brisée. Cet événement isolé peut déclencher des effets en cascade, par exemple toutes les personnes prendront la serviette qui est à gauche de leur assiette comme la première personne l'a fait. Si celle-ci avait pris sa serviette à droite, peut-être que le contraire se serait passé. Dans tous les cas le motif qui émerge a été déclenché par un événement aléatoire. De même, à mesure que l'univers s'est refroidi, des événements sont venus contraindre les forces à se découpler, une par une.

Même si les scientifiques ne parviennent pas à détecter le boson de Higgs au LHC, le résultat sera intéressant. Des neutrinos au quark top, le modèle standard doit expliquer une différence de quatorze ordres de grandeur dans la masse. Ceci est difficile, même avec le boson de Higgs qui est l'ingrédient manquant. Si nous finissons par trouver cette particule Dieu, tout ira bien, mais si elle n'existe pas, il faudra modifier le modèle standard, et pour cela inventer une nouvelle physique. Nous pensons connaître toutes les particules de l'Univers. Le boson de Higgs est le dernier chaînon manquant.

idée clé
Nager à contre-courant

39 La théorie des cordes

La majorité des physiciens se satisfont du modèle standard, aussi incomplet soit-il ; d'autres sont déjà en quête d'une nouvelle physique, avant même que le modèle standard n'ait été invalidé ou confirmé par l'expérience. Dans une variante moderne de la dualité onde-corpuscule, ce groupe de physiciens essaie d'expliquer les propriétés des particules fondamentales en les traitant non comme des sphères dures mais comme des ondes sur une corde. Cette idée a séduit les médias. Elle est connue sous le nom de « théorie des cordes ».

Les cordistes (physiciens théoriciens spécialistes de la théorie des cordes) n'acceptent pas que les particules élémentaires comme les quarks, les électrons et les photons soient des morceaux indivisibles de matière ou d'énergie. La distribution de leurs masses, de leurs charges, des énergies associées suggère un autre niveau d'organisation. Ces scientifiques pensent que ceci est le signe d'harmonies profondes : chaque masse, chaque énergie serait un harmonique dans la vibration d'une corde minuscule. Les particules pourraient donc être vues non pas comme de petits trucs solides mais comme des morceaux, ou des boucles, de corde en vibration. En un sens, c'est une manière de revenir à l'amour de Kepler pour les formes géométriques idéales : comme si les particules étaient un ensemble de notes dans un registre harmonique, jouées sur une seule corde.

Vibrations Les cordes de la théorie des cordes ne sont pas celles que nous connaissons sur les guitares par exemple. Une corde de guitare vibre dans les trois dimensions de l'espace, ou peut-être dans deux seulement si nous nous restreignons au plan incluant sa longueur et l'axe perpendiculaire. En revanche les cordes subatomiques vibrent dans seulement une dimension, plutôt que dans les zéros dimensions des particules ponctuelles. Leur étendue ne nous est pas visible, mais, pour les décrire mathématiquement, les scientifiques calculent les vibrations des cordes dans un nombre plus grand de dimensions, jusqu'à 10 ou 11. Notre monde ne compte que trois dimensions d'espace et une de temps, mais les cordistes pensent qu'il

chronologie

1921
Formulation de la théorie de Kaluza-Klein pour unifier électromagnétisme et gravitation

1970
Yoichiro Nambu décrit la force nucléaire forte avec des cordes quantiques

en existe beaucoup d'autres, que nous ne percevons pas car elles sont en quelque sorte « enroulées ». C'est dans ces autres mondes que les cordes vibrent.

Les cordes peuvent être libres à leurs deux extrémités ou former des boucles fermées ; à part ça, elles sont toutes identiques, et la variété des particules élémentaires vient simplement des modes de vibration de la corde, des harmoniques, et non du matériau lui-même.

Une idée en contrepoint La théorie des cordes est une idée entièrement mathématique. Personne n'a jamais vu une corde, et personne n'a la moindre idée de la manière dont on pourrait savoir si elles existent vraiment. Il n'y a donc pour l'instant aucune expérience conçue pour tester la validité de cette théorie. On dit en outre qu'il existe autant de théories des cordes que de cordistes. Tout ceci place la théorie des cordes dans une position délicate aux yeux des scientifiques.

> **« Avoir toutes ces dimensions supplémentaires et donc un grand nombre de directions dans lesquelles la corde peut vibrer se révèle être la clé pour décrire toutes les particules de nous connues. »**
>
> **Edward Witten, né en 1951**

Le philosophe Karl Popper pensait que la science procédait principalement par infirmation. Vous avez une idée, vous la testez expérimentalement et si elle est fausse alors cela exclut une piste ; ainsi vous apprenez quelque chose et la science progresse. Si l'observation confirme le modèle, vous n'apprenez rien de nouveau. La théorie des cordes n'étant pas encore complètement développée, elle n'offre aucune hypothèse réfutable. Et en raison du très grand nombre de variantes de la théorie, certains scientifiques tendent à penser que ce n'est pas vraiment de la science. Les discussions relatives à sa pertinence remplissent les pages de revues spécialisées et même celles des quotidiens, mais les cordistes pensent que leur quête n'est pas vaine.

La théorie du tout Dans sa tentative d'expliquer tout un zoo de particules et d'interactions au sein d'un seul cadre, la théorie des cordes essaie de se rapprocher d'une « théorie du tout », une théorie qui unifierait les quatre forces fondamentales

milieu des années 1970	1984–1986	Années 1990
Formulation d'une théorie de la gravitation quantique	La théorie des cordes, qui se développe rapidement, « explique » toutes les particules	Witten et d'autres développent la théorie M, en 11 dimensions

La théorie M

Les cordes sont essentiellement des lignes, mais, dans des espaces multidimensionnels, elles constituent un cas limite de géométries pouvant contenir des surfaces et d'autres formes pluridimensionnelles. Cette théorie générale a été baptisée théorie M. Ce « M » ne représente pas un mot en particulier, ce pourrait être « membrane » ou « mystère ». Une particule se mouvant à travers l'espace trace une ligne : si nous trempions dans l'encre une particule ponctuelle, nous visualiserions une trajectoire linéaire appelée ligne d'univers de la particule. Une corde, disons une boucle, tracerait un cylindre et nous parlerions de surface d'univers. À l'intersection de telles surfaces, là où les cordes se rompent et se recombinent, ont lieu les interactions. La théorie M est donc concrètement une étude des formes de toutes ces surfaces dans un espace à 11 dimensions.

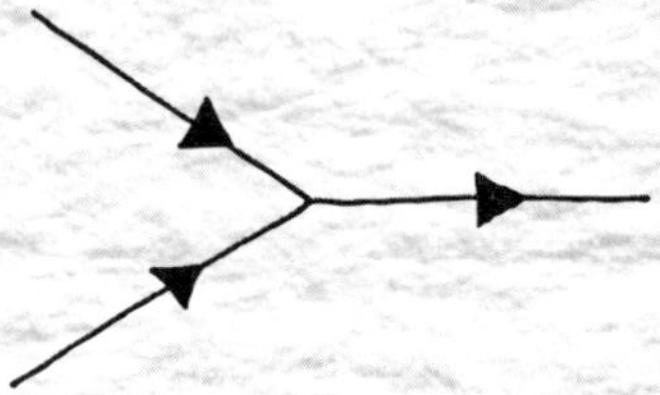

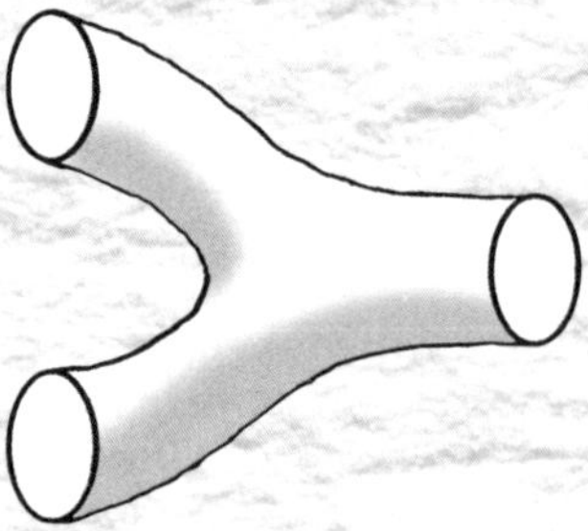

(électromagnétisme, gravitation, forces nucléaires forte et faible) et expliquerait les masses des particules et leurs propriétés. Ce serait une théorie profonde, au sens où elle sous-tendrait tout. Einstein essaya dans les années 1940 d'unifier la physique quantique et la gravitation mais il n'y parvint pas, pas plus que quiconque depuis lors. On moqua les recherches d'Einstein, les considérant comme une vaine perte de temps. Mais la théorie des cordes incorpore la gravitation et la mécanique quantique, d'où l'attraction qu'elle exerce sur les gens. Elle demeure encore très loin d'une formulation précise et encore plus loin d'une vérification.

La théorie des cordes apparut comme une nouveauté, du fait de la beauté de ses mathématiques. Dans les années 1920, Theodor Kaluza utilisa les harmoniques comme approche alternative pour décrire certaines propriétés inhabituelles des particules. Les physiciens réalisèrent que ces mêmes mathématiques pouvaient décrire des phénomènes quantiques. Globalement, les mathématiques des ondes fonctionnaient à la fois pour la mécanique quantique et pour son extension en physique des particules. On les développa donc dans les premières théories des cordes. Il en existe aujourd'hui de nombreuses variantes et nous sommes encore assez loin d'une théorie universelle.

Une théorie du tout est un objectif pour certains physiciens, qui sont généralement réductionnistes et pensent que si l'on comprend les blocs élémentaires alors on comprend le monde entier. Si on comprend un atome, construit à partir de cordes vibrantes, on peut alors en déduire toute la chimie, toute la biologie et ainsi de suite. D'autres scientifiques trouvent cette attitude ridicule. Comment une connaissance des atomes peut-elle nous renseigner sur les théories sociales ou sur l'évolution des impôts ? Tout ne peut pas être réduit à des éléments simples. Ils pensent qu'une telle théorie décrirait le monde comme un bruit d'interactions subatomiques dénuées de sens et serait nihiliste et erronée. Le point de vue réductionniste ignore les comportements manifestement macroscopiques, comme les ouragans ou le chaos ; le physicien Steven Weinberg le trouve « froid et impersonnel. Il faut l'accepter comme il est, non parce qu'il nous plaît mais parce que c'est ainsi que le monde fonctionne. »

« Je n'aime pas le fait qu'ils ne calculent rien. Je n'aime pas le fait qu'ils ne vérifient pas leurs idées. Je n'aime pas le fait que, pour chaque point de désaccord avec les expériences, ils produisent une explication, une rustine leur permettant de dire : "Voyez, la théorie peut encore être vraie." »

Richard Feynman, 1918–88

La théorie, ou plutôt les théories, des cordes, sont encore à l'état de flux. Aucune théorie finalisée n'est pour l'instant parvenue à émerger, et ceci pourrait encore prendre du temps, la physique étant devenue très complexe et la quantité d'éléments à incorporer très grande. Imaginer l'univers résonnant de multiples harmonies ne manque pas de charme, mais les partisans de cette vision des choses sont parfois un peu « arides », si préoccupés par les détails les plus fins qu'ils diminuent l'importance des motifs qui émergent à plus grande échelle. Les cordistes pourraient donc rester sur la touche jusqu'à ce que vienne une vision plus définie ; mais, étant donné la nature de la science, c'est une bonne chose qu'ils cherchent, et en particulier en dehors des lieux habituels.

idée clé
Harmonies universelles

40 La relativité restreinte

Les lois du mouvement de Newton décrivent comment la plupart des objets se meuvent, des balles de tennis aux comètes, en passant par les voitures. Mais Albert Einstein montra en 1905 que des effets étranges surviennent lorsque les corps se déplacent très rapidement. Si vous observiez un objet se mouvant à une vitesse proche de celle de la lumière, vous le verriez devenir plus lourd, se contracter sur sa longueur et vieillir plus lentement. Ceci vient du fait que rien ne peut voyager plus vite que la lumière et que, par conséquent, le temps et l'espace se déforment à l'approche de cette limite universelle.

Les ondes sonores résonnent dans l'air, mais leurs vibrations ne peuvent traverser le vide, où il n'y a pas d'atomes. Il est donc vrai que « dans l'espace, personne ne vous entendra crier ». La lumière en revanche peut se propager dans le vide, nous le savons puisque nous voyons le Soleil et les étoiles. L'espace est-il rempli d'un médium spécial, une sorte d'air électrique qui transmettrait les ondes électromagnétiques ? C'est ce que pensaient les physiciens de la fin du XIXe siècle : que le monde était baigné d'un gaz, un « éther », dans lequel la lumière se propageait.

« La chose la plus incompréhensible au sujet de l'univers est qu'il soit compréhensible. »

Albert Einstein, 1879–1955

La vitesse de la lumière Cependant, en 1887, une célèbre expérience démontra que l'éther n'existait pas. À cause du mouvement de la Terre autour du Soleil, sa position dans l'espace change continuellement. Si l'éther était immobile, alors l'ingénieuse expérience conçue par Albert Michelson et Edward Morley devait détecter le mouvement relatif de la Terre par rapport à l'éther. Ils eurent l'idée de comparer deux faisceaux lumineux suivant des trajectoires différentes, partant à angle droit et se réfléchissant dans des miroirs également éloignés. Il faut à un nageur moins de temps pour traverser une rivière

chronologie

1881
Michelson et Morley échouent dans leur tentative pour vérifier l'existence de l'éther

1905
Einstein publie sa théorie de la relativité restreinte

Le paradoxe des jumeaux de Langevin

Imaginez que la dilatation du temps s'applique aux humains. Cela se pourrait ! Si votre jumeau partait dans l'espace sur un vaisseau suffisamment rapide et pour suffisamment longtemps, il vieillirait moins vite que vous sur Terre. À son retour, il se pourrait que vous soyez une personne âgée quand lui serait encore en pleine force de l'âge. Bien que cela puisse paraître impossible, ce n'est pas réellement un paradoxe car le jumeau voyageur connaîtrait des forces puissantes qui rendraient possible ce changement. Du fait de ce décalage temporel, des événements qui paraissent simultanés dans un repère peuvent ne pas l'être dans un autre. De même manière que le temps ralentit, les distances se contractent. L'objet ou la personne se déplaçant à cette vitesse ne remarquerait rien, c'est pour un autre observateur que ces effets seraient visibles.

d'une berge à l'autre et retour que pour parcourir la même distance à contre-courant puis avec lui : Michelson et Morley s'attendaient à un résultat similaire pour la lumière, le courant correspondant au déplacement de la Terre à travers l'éther. Mais aucune différence ne fut observée. Les deux faisceaux lumineux revinrent exactement en même temps. Quelle que fût la direction de la propagation de la lumière et quel que fût le mouvement de la Terre, la vitesse de la lumière demeurait inchangée, le mouvement ne l'affectait pas. L'expérience démontrait que l'éther n'existait pas, mais il fallut Einstein pour le comprendre.

Comme le principe de Mach (cf. page 4), cela signifiait qu'il n'existait pas de repère fixe par rapport auxquels les objets se mouvraient. Contrairement aux ondes sonores ou aux vagues, la lumière se déplace toujours à la même vitesse. Ceci était étrange et assez différent de l'expérience quotidienne dans laquelle les vitesses s'additionnent. Si vous conduisez une voiture à 50 km/h et qu'une autre vous dépasse à 65 km/h, c'est comme si vous étiez immobile et que l'autre voiture allait à 15 km/h. Mais même si vous vous déplaciez à des centaines de km/h, la lumière voyagerait toujours à la même

1971

Vérification expérimentale de la dilatation du temps grâce à des horloges embarquées sur des avions

> **« L'idée d'un éther se révélera superflue puisque [...] aucun espace au repos doté de propriétés particulières ne sera introduit, pas plus qu'un vecteur vitesse ne sera associé à un point du vide en lequel des processus électromagnétiques auraient lieu. »**
>
> **Albert Einstein, 1905**

vitesse, précisément 300 millions de mètres par seconde, que la lampe soit dans un avion supersonique ou sur votre bicyclette. C'est la fixité de la vitesse de la lumière qui préoccupa Einstein en 1905, le conduisant à sa théorie de la relativité restreinte. À l'époque, Einstein était un obscur clerc du Bureau suisse des brevets et il conçut ses équations en partant de zéro, pendant son temps libre. La relativité restreinte fut la plus grande avancée depuis Newton et révolutionna la physique. Einstein partit de l'hypothèse selon laquelle la vitesse de la lumière était constante et paraissait la même à tout observateur, quel que soit son mouvement. Si elle ne changeait pas, alors quelque chose d'autre devait changer pour compenser, raisonna Einstein.

Espace et temps Suivant des idées développées par Hendrik Lorentz, George Fitzgerald et Henri Poincaré, Einstein montra que l'espace et le temps devaient se déformer pour accueillir les différents points de vue d'observateurs se déplaçant à des vitesses proches de celle de la lumière. Les trois dimensions de l'espace et celle du temps composaient en fait un monde quadridimensionnel où l'imagination créatrice d'Einstein put s'épanouir. La vitesse est la distance divisée par le temps, donc pour que rien ne puisse aller plus vite que la lumière, les distances doivent se réduire et le temps s'allonger. Ainsi, une fusée s'éloignant à une vitesse avoisinant celle de la lumière paraît plus courte et voit passer le temps plus lentement que vous.

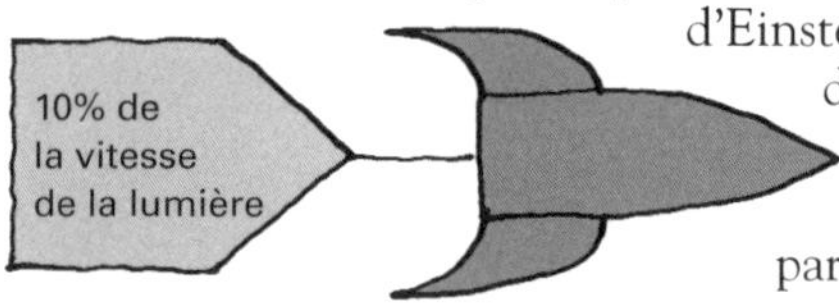

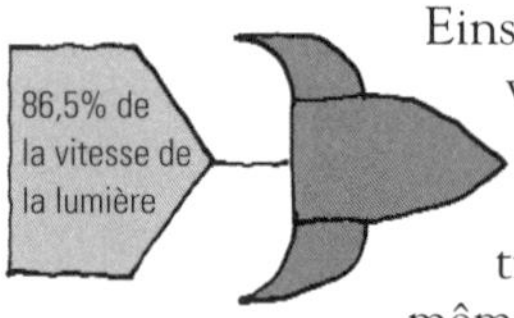

Einstein précisa comment réécrire les lois du mouvement pour des observateurs voyageant à des vitesses différentes. Il exclut l'existence d'un référentiel stationnaire, comme l'éther, et affirma que tout mouvement était relatif, sans point de vue privilégié. Si vous êtes assis dans un train en gare et voyez le train d'à côté bouger, il se peut que vous ne sachiez pas lequel démarre. En outre, même si vous constatiez que le vôtre est arrêté en gare, vous ne pourriez pas déduire que vous êtes immobile, juste que vous n'êtes pas en mouvement par rapport au quai. Nous ne percevons pas le mouvement de la Terre autour du Soleil ; nous ne percevons pas non plus celui du Soleil dans notre galaxie ou de la Voie Lactée vers l'amas de la Vierge. Seul le mouvement relatif est ressenti, entre vous et le quai, ou entre la Terre en rotation et les étoiles.

Einstein appela ces différents points de vue des référentiels d'inertie. Les référentiels d'inertie sont des espaces en mouvement les uns par rapport aux autres, à vitesse constante, sans force ni accélération. Donc, assis dans une voiture roulant à 50 km/h, vous êtes dans un référentiel d'inertie, et vous ne vous sentez pas différent dans un train roulant à 100 km/h (autre référentiel d'inertie) ou dans un avion volant à 500 km/h (encore un). Einstein postula que les lois de la physique sont les mêmes dans tous les référentiels d'inertie. Si vous laissez tomber votre stylo dans la voiture, le train ou l'avion, il tombera par terre de la même manière.

« Il est impossible de voyager plus vite que la lumière, ni même souhaitable : on perdrait sans cesse son chapeau. »

Woody Allen, né en 1935

Plus lent, plus lourd Tâchant ensuite de comprendre le mouvement relatif près de la vitesse de la lumière, la vitesse maximale pour la matière, Einstein prédit que le temps ralentirait. La dilatation du temps signifiait que des horloges dans des référentiels d'inertie différents pouvaient fonctionner à des vitesses différentes. Ceci fut démontré en 1971, grâce à l'envoi de quatre horloges atomiques identiques sur des vols faisant deux fois le tour du monde, deux volant vers l'est et deux volant vers l'ouest. Comparant l'heure affichée à celle d'une horloge synchronisée restée sur Terre, on put voir qu'elles avaient toutes perdu une fraction de seconde par rapport à celle demeurée à la surface, en accord avec la relativité restreinte d'Einstein.

Un autre élément qui empêche les objets de dépasser la vitesse de la lumière est que leur masse augmente. Un objet deviendrait infiniment lourd à la vitesse de la lumière elle-même, rendant toute accélération supplémentaire impossible. D'ailleurs, un objet possédant une masse ne peut pas même atteindre la vitesse de la lumière, il ne peut que l'approcher, car plus il en est près, plus il devient lourd et plus il est difficile de l'accélérer. La lumière, elle, est constituée de photons, dont la masse est nulle.

La relativité restreinte d'Einstein fut un changement radical. L'équivalence entre masse et énergie était choquante, tout comme les implications en termes de dilatation du temps et de la masse. Bien qu'Einstein fût un illustre inconnu en science au moment de sa publication, son article fut lu par Max Planck et ce fut peut-être grâce à ce parrainage que ses idées finirent par être acceptées. Planck vit la beauté des équations d'Einstein, et le propulsa vers la célébrité.

idée clé
Le mouvement est relatif

41 La relativité générale

Incorporant la gravitation dans sa théorie de la relativité restreinte, Einstein révolutionna notre vision de l'espace et du temps par sa théorie de la relativité générale. Allant plus loin que les lois de Newton, elle ouvrait tout un univers de trous noirs, de trous de ver et de lentilles gravitationnelles.

Imaginez quelqu'un tombant d'un immeuble élevé, ou sautant en parachute d'un avion, accéléré vers le sol par la gravitation. Albert Einstein réalisa que dans cet état de chute libre, la personne ne ressentirait pas l'attraction de la gravitation. En d'autres termes, elle ne pèserait plus rien. De nos jours, c'est exactement ainsi que l'on recrée des conditions d'apesanteur pour l'entraînement des astronautes, en faisant voler des avions (surnommé avec élégance « comète vomitive ») selon une trajectoire de montagnes russes. Lorsque l'avion s'élève, les passagers sont plaqués à leur siège, ressentant une force de gravitation plus grande. Mais lorsqu'il pique, ils sont libérés de l'attraction gravitationnelle et peuvent flotter à l'intérieur de l'appareil.

Accélération Einstein comprit qu'accélération et gravitation étaient équivalentes. Donc, de même que la relativité restreinte décrivait ce qui se passe dans des référentiels d'inertie se déplaçant à vitesse constante les uns par rapport aux autres, la relativité générale établit une équivalence entre la gravitation et les référentiels accélérés. Einstein dit de cette idée qu'elle fut la plus heureuse de sa vie.

Durant les quelques années qui suivirent, il explora les conséquences de cette idée. Discutant de celle-ci avec des collègues proches et utilisant les formalismes mathématiques les plus récents, Einstein créa une théorie complète de la gravitation qu'il appela relativité générale. L'année 1915 fut des plus riches : il publia son travail et le révisa plusieurs fois presque immédiatement. Ses pairs furent impressionnés par la vitesse à laquelle il avançait. La théorie produisait même d'étranges prédictions vérifiables expérimentalement, parmi lesquelles l'idée que la lumière pouvait être déviée par un champ gravitationnel et que l'orbite elliptique de Mercure devait tourner lentement autour du Soleil en raison du champ de gravitation de l'astre.

chronologie

1687
Newton formule sa loi de la gravitation

1915
Einstein publie sa théorie de la relativité générale

« Le temps, l'espace et la gravitation n'ont pas d'existence séparée de la matière. »

Albert Einstein, 1915

Espace-temps Dans la théorie de la relativité générale, les trois dimensions de l'espace et celle du temps sont combinées en une grille spatio-temporelle quadridimensionnelle, également appelée métrique. La vitesse de la lumière demeure constante et indépassable. En cas de mouvement ou d'accélération, c'est la métrique de l'espace-temps qui se déforme pour maintenir constante la vitesse de la lumière.

La meilleure manière de visualiser la relativité générale est de voir l'espace-temps comme une feuille de caoutchouc tendue sur une table percée. Des objets ayant une masse, comme des boules, sont placées sur la feuille : ils créent autour d'eux une dépression dans l'espace-temps. Imaginez une boule correspondant à la Terre placée sur la feuille ; elle crée une dépression au fond de laquelle elle se positionne. Si vous envoyez ensuite une bille, représentant par exemple un astéroïde, celui-ci tournera en spirale en descendant vers la Terre. Cela montre comment l'astéroïde ressentirait la gravité. Si la bille arrive suffisamment vite et que la dépression formée par la Terre est suffisamment profonde, alors, comme un cycliste sur une piste inclinée, elle adoptera une orbite circulaire semblable à celle de la Lune. L'univers tout entier peut être vu comme une feuille de caoutchouc, chaque planète, chaque étoile et chaque galaxie créant une dépression qui peut attirer ou dévier des objets plus petits passant à proximité, comme des balles sur un green de golf.

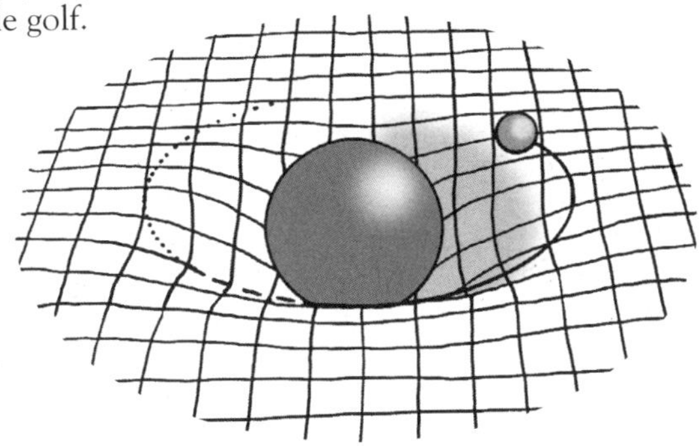

Einstein comprit que, à cause de la déformation de l'espace-temps, la lumière serait déviée au voisinage d'un corps massif comme le Soleil. Il prédit que la position apparente d'une étoile située derrière le Soleil se déplacerait légèrement du fait de la déviation de la lumière par la masse solaire. Le 29 mai 1919, des astronomes du monde entier se réunirent pour vérifier les prédictions d'Einstein à la

1919

Des observations à l'occasion d'une éclipse de Soleil permettent de vérifier la théorie d'Einstein

Années 1960

Découvertes d'éléments de preuve quant à l'existence des trous noirs

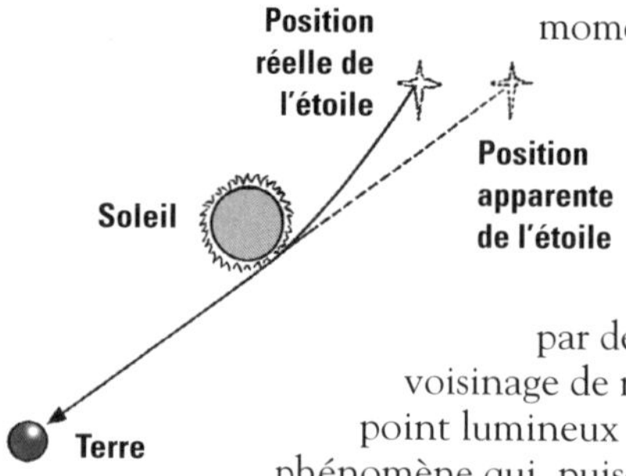

faveur d'une éclipse totale de Soleil. Ce fut l'un de ses plus grands moments, la théorie qu'il avait mise au point et que certains considéraient comme insensée se révélant en fait très proche de la vérité.

Déformations et trous La déviation des rayons lumineux a depuis été confirmée avec de la lumière provenant de sources situées à l'autre bout de l'univers. La lumière émise par des galaxies lointaines est clairement déviée lorsqu'elle passe au voisinage de régions massives telles qu'une galaxie ou un amas de galaxies. Le point lumineux de la source initiale se trouve déformé en un arc dans un phénomène qui, puisqu'il ressemble aux effets d'une lentille, a été baptisé « lentille gravitationnelle ». Si la galaxie-source se trouve exactement derrière l'objet qui fait lentille, alors sa lumière est déformée en un cercle complet, appelé anneau d'Einstein. De nombreuses et très belles photographies de ce spectacle ont été prises avec le télescope spatial Hubble.

La théorie einsteinienne de la relativité générale est aujourd'hui appliquée à la modélisation de l'univers tout entier. L'espace-temps peut être vu comme un paysage, avec ses collines, ses vallées et ses nids-de-poule. À ce jour, la relativité générale a passé avec succès tous les tests expérimentaux, les plus nombreux concernant les régions dans lesquelles la gravitation est extrêmement forte ou au contraire très faible.

Les ondes gravitationnelles

Un autre aspect de la relativité générale est que des ondes peuvent se former à la surface de l'espace-temps. Des ondes dites gravitationnelles peuvent ainsi se propager, particulièrement à partir des trous noirs et d'étoiles denses et compactes en rotation, comme les pulsars. Les astronomes ont remarqué que la vitesse de rotation de certains pulsars diminuait et s'attendent donc à ce que l'énergie correspondante ait été perdue sous forme d'ondes gravitationnelles, mais celles-ci n'ont pas encore été détectées. Les physiciens sont en train de construire des détecteurs géants sur Terre et dans l'espace, basés sur l'oscillation de très longs faisceaux laser au passage des ondes gravitationnelles. Si ces ondes étaient détectées, ce serait un coup de maître supplémentaire à inscrire au tableau de la relativité générale d'Einstein.

«Nous postulerons donc une équivalence physique complète entre un champ de gravitation et l'accélération correspondante du référentiel. Cette hypothèse étend le principe de relativité au cas d'un référentiel en mouvement uniformément accéléré.»

Albert Einstein, 1907

Les trous noirs (cf. page 168) sont des puits d'une profondeur considérable dans la surface de l'espace-temps. Leur profondeur et l'à-pic de leurs bords sont tels que tout ce qui passe à proximité peut y disparaître, y compris la lumière. Ils correspondent à des trous, des singularités de l'espace-temps. Celui-ci peut aussi se déformer en trous de ver, c'est-à-dire en tubes, mais personne n'a encore rien vu de tel.

À l'autre bout de l'échelle, là où la gravitation est très faible, on peut s'attendre à ce qu'elle finisse par se scinder en minuscules quanta, comme la lumière qui se compose de briques photoniques. Cependant, personne n'est parvenu à observer une granulosité de la gravitation. Des théories quantiques de la gravitation ont certes été développées mais, en l'absence d'éléments de preuve venant l'étayer, l'unification de la théorie quantique et de la gravitation continue de nous échapper. Cet objectif occupa Einstein jusqu'à la fin de sa vie, mais il ne put l'atteindre et le défi demeure entier.

idée clé
Espace-temps déformé

42 Les trous noirs

Tomber dans un trou noir ne serait pas une expérience agréable : vous seriez écartelé(e) pendant que vos amis vous verraient figé(e) juste au bord du gouffre. Les trous noirs furent d'abord imaginés comme des étoiles gelées dont la vitesse de libération dépassait la vitesse de la lumière, mais ils sont aujourd'hui considérés comme des trous ou des « singularités » dans l'espace-temps d'Einstein. Loin d'être purement imaginaires, des trous noirs géants occupent le centre des galaxies, dont la nôtre, tandis que de plus petits ponctuent l'espace tels les fantômes d'étoiles mortes.

Si vous lancez une balle en l'air, elle atteint une certaine hauteur puis retombe. Plus vous lui donnez de vitesse initialement, plus elle montera haut. Si vous la lanciez suffisamment fort, elle pourrait se libérer de la gravitation terrestre et s'échapper dans l'espace. La vitesse qu'il faudrait atteindre pour cela, appelée « vitesse de libération », est de 11 km/s. Une fusée doit atteindre cette vitesse pour quitter la Terre. La vitesse de libération est plus faible sur la Lune : 2,4 km/s suffiront. Mais si vous vous trouviez sur une planète plus massive, la vitesse de libération serait plus élevée. Si cette planète était suffisamment lourde, alors la vitesse de libération pourrait atteindre ou dépasser celle de la lumière, si bien que même la lumière ne pourrait se soustraire à son attraction gravitationnelle. Un tel objet, si massif et si dense que même la lumière ne peut s'en échapper, est ce que l'on appelle un trou noir.

> **« Non seulement Dieu joue aux dés, mais en plus Il les jette là où on ne peut les voir. »**
>
> **Stephen Hawking, 1977**

L'horizon des événements Le concept de trou noir fit son apparition au XVIIIe siècle, chez le géologue John Michell et le mathématicien Pierre-Simon Laplace. Plus tard, après la publication par Einstein de ses théories de la relativité, Karl Schwarzschild détermina l'apparence que devrait avoir un trou noir. Dans la théorie einsteinienne de la relativité générale, espace et temps sont liés et se comportent ensemble comme une vaste feuille de caoutchouc. La gravitation déforme la feuille en fonction de la masse des objets. Une planète lourde siège au fond d'un

chronologie

1784
Michell remarque la possibilité qu'existent des « étoiles noires »

Années 1930
L'existence d'étoiles figées est prédite

creux de l'espace-temps et son attraction gravitationnelle est équivalente à la force ressentie en roulant vers ce creux – votre trajectoire peut être déviée ou même transformée en orbite.

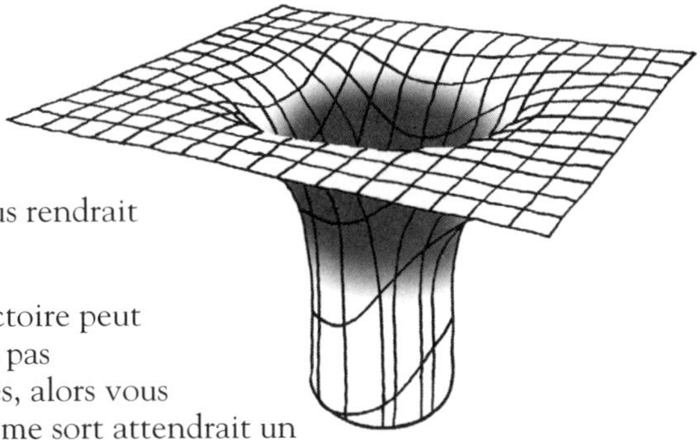

Alors qu'est-ce qu'un trou noir ? C'est un creux si profond et de pente si raide que n'importe quoi s'en approchant trop près tombe à l'intérieur sans possibilité de retour. C'est un trou dans l'espace-temps, comme un filet à ballons qui ne vous rendrait jamais votre ballon.

Si vous passez à distance d'un trou noir, votre trajectoire peut s'incurver dans sa direction, mais vous ne tomberez pas nécessairement dedans. Mais si vous passez trop près, alors vous tomberez à l'intérieur en suivant une spirale. Le même sort attendrait un photon de lumière. La distance critique qui sépare ces deux destins s'appelle « l'horizon des événements ». Tout ce qui passe à l'intérieur de l'horizon des événements plonge vers le trou noir, y compris la lumière.

On a pu décrire la chute dans un trou noir comme une « spaghettification ». Les parois sont en effet si abruptes qu'il y a un très fort gradient de gravitation à l'intérieur même du trou noir. Si vous tombiez dans un trou noir les pieds en avant (espérons que cela ne vous arrivera jamais), l'attraction gravitationnelle sur vos pieds serait plus grande que celle sur votre tête et ceci serait aussi confortable qu'un chevalet de torture. Ajoutez le moindre mouvement de rotation et vous seriez écartelé comme un chewing-gum dans une pelote de spaghettis. Ce n'est pas vraiment une belle manière de partir. Certains scientifiques ont réfléchi aux moyens de protéger une personne qui aurait la malchance de tomber dans un trou noir. Une solution serait, apparemment, de porter une sorte de ceinture de survie suffisamment lourde et dense pour que sa masse contrebalance le gradient de gravitation et préserve votre forme, et votre vie.

Étoiles figées Le terme de « trou noir » fut forgé en 1967 par John Wheeler qui cherchait un nom plus séduisant qu'étoile figée. Ces astres occlus avaient été prédits mathématiquement dans les années 1930 par les théories d'Einstein et de

1965	1967	Années 1970
Découverte des quasars	Wheeler rebaptise « trous noirs » les étoiles figées	Hawking suggère que les trous noirs s'évaporent

Évaporation

Aussi étrange que cela puisse paraître, les trous noirs finissent par s'évaporer. C'est dans les années 1970 que Stephen Hawking a avancé l'idée selon laquelle les trous noirs ne sont pas complètement noirs mais émettent des particules en raison d'effets quantiques. De la masse est progressivement dissipée de cette manière et le trou noir se réduit donc comme une peau de chagrin. L'énergie du trou noir crée constamment des paires de particules et d'antiparticules correspondantes. Si ceci se produit près de l'horizon des événements alors, parfois, une des particules de la paire peut s'échapper tandis que l'autre tombe à l'intérieur. Pour un observateur extérieur, le trou noir aura l'air d'émettre des particules sous la forme d'un rayonnement baptisé rayonnement Hawking. Cette énergie rayonnée entraîne la diminution de la taille du trou noir. Cette idée demeure essentiellement théorique et personne ne sait vraiment ce qui arrive aux trous noirs, mais le fait qu'ils soient relativement nombreux laisse penser que ce processus prend du temps.

Schwarzschild. En raison de l'étrange comportement de l'espace et du temps près de l'horizon des événements, un objet tombant dans un trou noir donnerait l'impression de le faire de plus en plus lentement, les ondes lumineuses mettant de plus en plus de temps à atteindre un observateur extérieur. Lors du passage de l'horizon des événements, l'observateur extérieur verrait en fait le temps de l'objet s'arrêter et l'objet lui-même se figer sur l'horizon. D'où le nom d'étoile figée, gelée dans le temps au moment de se contracter en deçà de l'horizon des événements. L'astrophysicien Subrahmanyan Chandrasekhar prédit que les étoiles d'une masse supérieure à 1,4 masse solaire devaient finir par s'effondrer sur elles-mêmes pour former un trou noir ; cependant, grâce au principe d'exclusion de Pauli (cf. page 120), nous savons maintenant que les naines blanches et les étoiles à neutrons se maintiendront grâce à la pression quantique : les trous noirs pour se former doivent en fait avoir une masse trois fois supérieure à celle du Soleil. Il fallut attendre les années 1960 pour obtenir des éléments de preuves de l'existence des trous noirs ou étoiles figées.

Si les trous noirs aspirent la lumière, comment pouvons-nous savoir qu'ils existent ? Il y a deux manières d'y arriver. D'abord, on peut les repérer par l'attraction qu'ils exercent sur les objets alentours. Deuxièmement, en tombant dans un trou noir, le gaz interstellaire s'échauffe et émet de la lumière avant de disparaître. La première méthode est celle qui a permis d'identifier le trou noir qui occupe le centre de notre galaxie. On a remarqué que les étoiles passant à proximité sont propulsées sur des orbites allongées. Le trou noir de la Voie Lactée possède une masse d'un million de Soleils, concentrée dans une région de seulement 10 millions de kilomètres de rayon

(30 secondes lumière) environ. Les trous noirs au centre des galaxies sont dits « supermassifs ». Nous ne savons pas comment ils se forment, mais ils semblent influer sur la croissance des galaxies et pourraient donc être là depuis toujours, à moins qu'ils ne se soient formés par l'effondrement en un même point de millions d'étoiles.

La deuxième manière de voir un trou noir repose donc sur la lumière émise par le gaz chauffé à blanc pendant sa chute. Les quasars, les objets les plus lumineux de l'univers, brillent par l'éclat du gaz aspiré dans des trous noirs supermassifs situés au centre de galaxies lointaines. Des trous noirs plus petits, de quelques masses solaires, peuvent aussi être identifiés par les rayons X qu'émet le gaz qu'ils absorbent.

« Les trous noir sont les objets macroscopiques les plus parfaits qui soient : les seuls éléments qui interviennent dans leur construction sont nos concepts d'espace et de temps. »

Subrahmanyan Chandrasekhar, 1983

Trous de ver Qu'y a-t-il au fond d'un trou noir ? On suppose qu'ils se terminent simplement en une pointe très aiguë, ou qu'ils sont réellement un trou, une perforation de l'espace-temps. Certains théoriciens se sont demandé ce qui pourrait arriver s'ils rejoignaient un autre trou. On peut en effet considérer deux trous noirs voisins apparaissant comme deux tubes pendant sous la surface de l'espace-temps. Si l'on joignait les extrémités de ces deux tubes, on pourrait imaginer que soit ainsi formé un trou de ver entre les bouches des deux trous noirs. Muni de votre « anneau de survie », vous pourriez vous jetez dans un trou et ressortir par l'autre. Cette idée a été beaucoup utilisée en science-fiction pour les voyages dans l'espace et dans le temps. Peut-être le trou de ver pourrait-il même conduire à un univers entièrement différent. Les possibilités de recâblage de l'univers sont infinies – mais n'oubliez pas votre anneau magique.

idée clé
Pièges à lumière

43 Le paradoxe de Chéseaux-Olbers

Pourquoi le ciel nocturne est-il noir ? Si l'univers était infini et existait depuis toujours, alors il devrait être aussi brillant que le Soleil – or ce n'est pas le cas. Quand vous levez les yeux vers le ciel nocturne, c'est toute l'histoire de l'univers que vous contemplez. Le fait que les étoiles soient en nombre limité est avéré, et implique que l'univers a une taille et un âge finis. Le paradoxe d'Olbers (ou de Chéseaux-Olbers) ouvrit la voie vers la cosmologie moderne et le modèle du Big Bang.

On pourrait penser que dresser une carte de l'univers tout entier et de toute son histoire serait une tâche ardue et nécessiterait d'envoyer d'onéreux satellites dans l'espace, de mobiliser d'immenses télescopes dans de lointaines chaînes de montagnes ou d'avoir le cerveau d'Einstein. Mais en fait, si vous sortez par une nuit claire, vous pouvez observer quelque chose d'aussi profond que la relativité générale. Le ciel nocturne est noir. Nous considérons cela comme allant de soi. Pourtant, qu'il soit noir plutôt que brillant comme le Soleil nous apprend déjà beaucoup de choses sur l'Univers.

Étoile luisante, étoile brillante Si l'univers était infini, s'étendant sans limite dans toutes les directions, alors dans chaque direction nous devrions voir une étoile : toute ligne de vision finirait par rencontrer la surface d'une étoile. Plus on regarderait loin, plus l'espace semblerait empli d'étoiles ; de même que lorsqu'on regarde une forêt, on ne distingue les troncs individuels que dans la zone proche de soi : plus loin, les arbres remplissent complètement le champ de vision. Si la forêt est vraiment très grande, on ne peut voir le paysage au-delà. Ce serait la même chose avec un univers infiniment grand : même plus espacées que les arbres, les étoiles finiraient par être assez nombreuses pour remplir tout le champ de vision.

chronologie

1610

Kepler observe que le ciel nocturne est noir

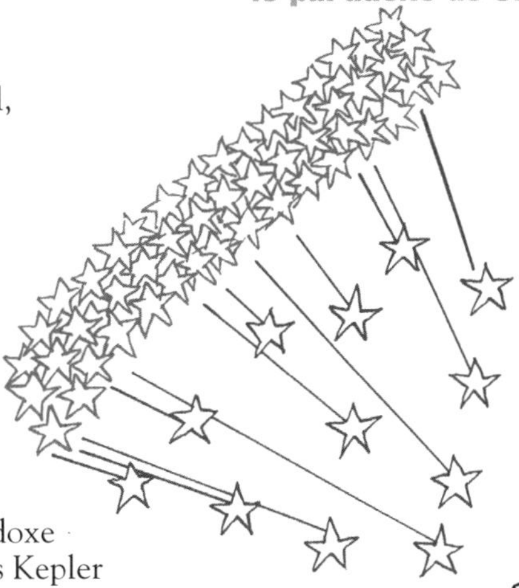

Si toutes les étoiles étaient comme le Soleil, alors chaque point du ciel serait plein de lumière stellaire. Bien qu'une étoile isolée dans le lointain soit peu lumineuse, plus la distance serait grande, plus il y aurait d'étoiles, et cela compenserait la moindre luminosité apparente. Si on additionnait la lumière de toutes ces étoiles, elles fourniraient autant de lumière que le Soleil, et donc le ciel tout entier devrait être aussi brillant que le Soleil.

Manifestement, ce n'est pas le cas. Le paradoxe du ciel nocturne fut remarqué par Johannes Kepler au XVIIe siècle, mais formulé précisément seulement en 1823 par l'astronome allemand Heinrich Olbers. Les solutions du paradoxe sont profondes. Il y a plusieurs explications, et chacune contient des éléments de vérité aujourd'hui compris et adopté par les astronomes modernes. Néanmoins, la quantité d'informations que peut nous apporter une observation aussi simple demeure impressionnante.

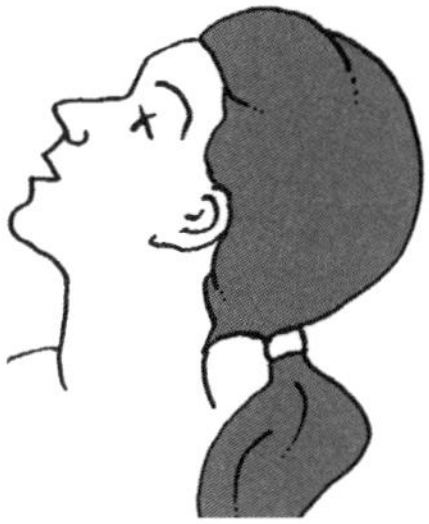

Cieux obscurs

La beauté du ciel nocturne devient de plus en plus difficile à voir à cause des lumières de nos villes. À travers l'histoire, par nuits claires, levant les yeux au ciel, les gens ont pu contempler une colonne vertébrale d'étoiles, traversant les cieux. Elle fut baptisée Voie Lactée et nous savons aujourd'hui qu'en la contemplant nous regardons vers le centre de notre Galaxie. Il y a 50 ans, il était encore possible dans les grandes villes de voir les étoiles les plus brillantes et le sentier de la Voie Lactée, mais de nos jours presqu'aucune étoile n'est visible en ville et même les cieux des campagnes sont pollués par ce halo jaunâtre. Le panorama qui a inspiré des générations entières avant nous est progressivement masqué. Les lampes au sodium qui éclairent nos rues sont le coupable principal, particulièrement celles qui gaspillent de la lumière en la diffusant tout autant vers le haut que vers le bas. Dans le monde entier, des groupes, comme l'association International Dark-Sky, qui comprend des astronomes, font campagne pour diminuer cette pollution lumineuse et préserver notre fenêtre sur l'univers.

1832

Olbers formule le paradoxe qui porte son nom

1912

Vesto Slipher mesure le décalage vers le rouge des galaxies

Eurêka !

Edgar Allan Poe, dans son poème en prose *Eurêka*, observait en 1848 (traduction de Charles Baudelaire) :

« Si la succession des étoiles était illimitée, l'arrière-plan du ciel nous offrirait une luminosité uniforme, comme celle déployée par la Galaxie, puisqu'il n'y aurait absolument aucun point, dans tout cet arrière-plan, où n'existât une étoile. Donc, dans de telles conditions, la seule manière de rendre compte des vides que trouvent nos télescopes dans d'innombrables directions est de supposer cet arrière-plan invisible placé à une distance si prodigieuse qu'aucun rayon n'ait jamais pu parvenir jusqu'à nous. »

Fin en vue La première explication est que l'univers ne s'étend pas à l'infini. Il doit donc contenir un nombre fini d'étoiles et il existe des lignes de vision qui ne rencontreront aucune étoile, tout comme, à l'orée de la forêt ou dans un petit bois, le ciel est visible par-delà les arbres.

Une autre explication pourrait être que les étoiles plus distantes sont moins nombreuses, et qu'elles ne donnent donc pas tant de lumière, même en les additionnant. La lumière voyageant à une vitesse bien précise, il lui faut plus de temps pour venir d'étoiles lointaines que d'étoiles voisines. Il faut 8 minutes à la lumière du Soleil pour arriver jusqu'à nous, mais 4 ans pour que la lumière de l'étoile la plus proche, Alpha du Centaure, nous parvienne et même 100 000 ans lorsqu'elle provient des étoiles situées de l'autre côté de notre propre Galaxie. La lumière de la galaxie la plus proche, Andromède, voyage pendant deux millions d'années avant de nous parvenir. C'est l'objet le plus distant visible à l'œil nu. Ainsi, plus nous regardons loin dans l'univers, plus nous remontons dans le temps et les étoiles lointaines nous apparaissent plus jeunes que les étoiles proches. Ceci pourrait nous aider à résoudre le paradoxe d'Olbers si ces jeunes étoiles étaient plus rares que les étoiles de type solaire, plus proches de nous. Les étoiles comme le Soleil vivent environ 10 milliards d'années (les plus grosses vivent moins longtemps et les plus petites plus longtemps), donc le fait que les étoiles aient une durée de vie finie pourrait aussi expliquer le paradoxe. Antérieurement à une certaine époque, c'est-à-dire au-delà d'une certaine distance, les étoiles n'existent plus, car elles n'étaient pas encore nées. Les étoiles n'ont donc pas toujours existé.

Il est également possible de rendre les étoiles lointaines moins brillantes que le Soleil via le décalage vers le rouge. L'expansion de l'univers étire les longueurs d'onde de la lumière, ce qui rend les étoiles lointaines plus rouges en apparence. Donc des étoiles très éloignées auront l'air moins chaudes que des étoiles plus proches et ceci pourrait contribuer à diminuer la quantité de lumière qui nous parvient des confins de l'univers.

Des idées plus loufoques ont été proposées : la lumière des astres lointains serait bloquée par les fumées de civilisations extraterrestres, par des aiguilles de fer ou par d'étranges poussières grises. Mais toute lumière absorbée serait réémise sous forme de chaleur et réapparaîtrait donc ailleurs dans le spectre. Or, les astronomes ont examiné la lumière céleste sous toutes les longueurs d'onde, des ondes radio aux rayons gamma, et ils n'ont vu aucun signe de lumière stellaire bloquée.

L'univers moyen La simple observation du ciel nocturne nous apprend donc que l'univers n'est pas infini, qu'il n'existe que depuis un temps fini, qu'il possède une taille finie et que les étoiles qu'il contient n'ont pas toujours été là.

La cosmologie moderne est basée sur ces idées. Les étoiles les plus vieilles que nous voyons ont environ 13 milliards d'années ; l'univers doit donc s'être formé il y a plus de 13 milliards d'années. Le paradoxe d'Olbers suggère qu'il ne peut être beaucoup plus vieux que cela, sinon nous verrions de nombreuses générations antérieures d'étoiles, or ce n'est pas le cas.

Les galaxies lointaines apparaissent effectivement plus rouges que les galaxies voisines, à cause du décalage vers le rouge, ce qui les rend plus difficiles à observer avec des télescopes optiques et confirme que l'univers est en expansion. Les galaxies les plus lointaines que l'on connaisse aujourd'hui sont si rouges qu'elles deviennent invisibles et doivent être observées dans l'infrarouge. Tous ces éléments viennent étayer l'idée du Big Bang, selon laquelle l'univers s'est étendu à partir d'une gigantesque explosion survenue il y a 14 milliards d'années.

idée clé
Notre univers fini

44 La loi de Hubble

Edwin Hubble fut le premier à réaliser que les galaxies autres que la nôtre s'éloignaient toutes de nous. Plus elles sont loin, plus elles s'éloignent rapidement, suivant la loi de Hubble. Cette diaspora galactique fut le premier élément de preuve en faveur de l'expansion de l'Univers, ainsi qu'une découverte des plus frappantes qui changea notre vision de notre Univers tout entier et de son destin.

Quand Copernic, au XVIe siècle, déduisit des observations que la Terre tournait autour du Soleil, la consternation fut grande : les hommes n'habitaient plus l'exact centre du Cosmos. Encore plus déstabilisantes furent les observations faites par Edwin Hubble en 1920 : il montra que l'Univers entier n'était pas statique, mais au contraire en expansion. En répertoriant les distances des galaxies et leurs vitesses relatives par rapport à notre Voie Lactée, Hubble constata qu'elles nous fuyaient toutes. Nous étions si impopulaires dans le Cosmos, que seuls quelques galaxies voisines venaient vers nous. Plus les galaxies étaient lointaines, plus elles s'éloignaient vite, avec une vitesse proportionnelle à leur distance (c'est la loi de Hubble). Le rapport entre la vitesse et la distance est toujours le même et porte le nom de constante de Hubble, pour laquelle les astronomes contemporains ont mesuré une valeur proche de 75 kilomètres par seconde par megaparsec (un megaparsec, c'est-à-dire un million de parsecs, équivaut à 3 262 000 années lumière soit 3×10^{22} mètres). Les galaxies s'éloignent donc continuellement de nous à cette vitesse.

> **« L'histoire de l'astronomie est une histoire d'horizons repoussés. »**
>
> **Edwin Hubble, 1938**

Le grand débat Avant le XXe siècle, les astronomes comprenaient à peine notre propre galaxie, la Voie Lactée. Ils avaient relevé des centaines d'étoiles en son sein mais aussi remarqué qu'elle était parsemée de taches floues, baptisées nébuleuses. Certaines de ces nébuleuses étaient des nuages de gaz associés à la naissance et à la mort d'étoiles. Mais d'autres nébuleuses avaient l'air différentes. Certaines avaient des formes spirales ou ovales laissant penser qu'elles étaient plus régulières qu'un nuage.

chronologie

1918
Vesto Slipher mesure le décalage vers le rouge des nébuleuses

1920
Shapley et Curtis débattent de la taille de notre Voie Lactée

En 1920, deux célèbres astronomes se livrèrent à un débat sur l'origine de ces taches floues. Harlow Shapley soutint que tout ce qu'on pouvait voir dans le ciel appartenait à notre Voie Lactée qui constituait l'Univers tout entier. Heber Curtis, en revanche, suggéra que ces nébuleuses étaient des « îles-univers » distinctes, extérieures à notre galaxie. Le terme de « galaxie » fut forgé plus tard pour décrire ces univers nébuleux. Les deux astronomes citèrent des éléments de preuve étayant leurs discours et le débat demeura ouvert. Les travaux ultérieurs d'Hubble montrèrent que Curtis avait raison : ces nébuleuses spirales étaient bel et bien des galaxies extérieures à la Voie Lactée. L'Univers venait soudainement de s'ouvrir comme une vaste toile.

En expansion Hubble utilisa le télescope de 250 cm de diamètre du Mont Wilson pour observer la lumière vacillante émise par des étoiles de la nébuleuse d'Andromède, que nous savons aujourd'hui être une galaxie spirale semblable à la Voie Lactée et une sœur appartenant au même groupe de galaxies que nous. Ces étoiles vacillantes sont les étoiles variables des Céphéides, du nom de l'étoile de la constellation de Céphée ; elles constituent encore aujourd'hui de précieux repères de distance. L'amplitude et la fréquence des variations sont proportionnelles à l'éclat intrinsèque de l'étoile et donc, une fois que l'on sait comment sa lumière varie, on connaît son éclat et on peut calculer sa distance, l'éclat étant d'autant plus atténué que l'étoile est lointaine : comme si vous aperceviez une ampoule électrique dans le lointain, réussissiez à déterminer que sa puissance est de 100 W et calculiez sa distance en comparant son éclat à celui d'une ampoule de 100 W située à côté de vous.

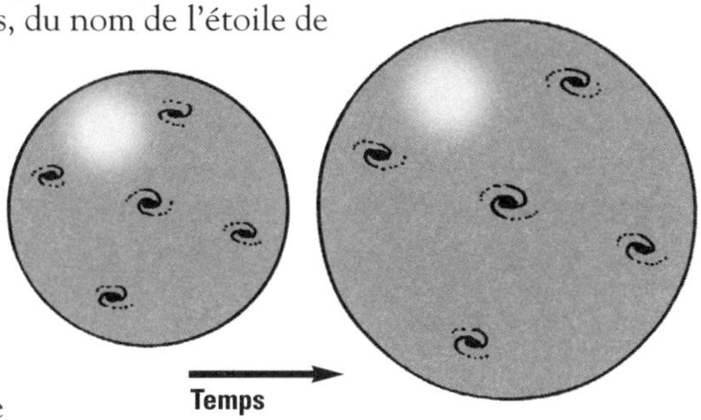

De cette manière, Hubble mesura la distance nous séparant de la galaxie d'Andromède. Elle était beaucoup plus grande que notre Voie Lactée mesurée par Shapley. Andromède devait donc se trouver à l'extérieur. C'était un fait révolutionnaire : il signifiait que l'Univers était immense et empli de galaxies autres que la Voie Lactée. Si placer le Soleil en son centre avait porté un coup à l'Église et à la sensibilité des hommes, faire de la Voie Lactée une galaxie parmi des millions d'autres fut un choc encore plus grand pour l'ego humain.

1922 Alexander Friedman publie le modèle du Big Bang

1924 Les étoiles variables des Céphéides sont découvertes

1929 Hubble et Milton Humason découvrent la loi de Hubble

Le télescope spatial Hubble

Le télescope spatial Hubble est sans doute le plus célèbre des satellites d'observation. Ses époustouflantes photographies de nébuleuses, de galaxies lointaines et de disques d'accrétion ont fait la une de nombreux journaux et magazines au cours des vingt dernières années. Lancé en 1990 à partir de la navette Discovery, le vaisseau fait à peu près la taille d'un autobus à deux étages, 13 mètres de long sur 4 mètres de large, et pèse 11 000 kg. Il transporte un télescope astronomique dont le miroir fait 2 m 40 de diamètre, accompagné d'un ensemble de caméras et de détecteurs électroniques capables de prendre des photographies d'une clarté cristalline dans le visible, l'ultraviolet et l'infrarouge. La force d'Hubble vient de ce qu'il se trouve au-dessus de l'atmosphère – ces photographies ne sont donc pas floues. Vieillissant, le sort de Hubble n'est pas encore fixé. La NASA pourrait opérer une mise à jour de ses instruments, mais il faudrait pour cela un vol habité, ou décider de mettre fin au programme et soit rapatrier l'appareil pour la postérité, soit le faire s'échouer dans l'océan.

Hubble entreprit ensuite de répertorier les galaxies et leurs distances. Il découvrit également que la lumière qu'elles émettaient était décalée vers le rouge d'une quantité proportionnelle à leur distance. Le décalage vers le rouge est similaire à l'effet Doppler pour un objet en mouvement (cf. page 76). Le fait que des fréquences de lumière, par exemple celles de l'hydrogène, furent toutes plus rouges qu'attendu signifiait que ces galaxies s'éloignaient de nous, comme des ambulances dont la hauteur de ton des sirènes diminue une fois qu'elles nous ont dépassés. Il était très étrange que toutes les galaxies s'éloignent de nous, et que seules les « locales » se rapprochent. Plus on regardait loin, plus elles s'éloignaient vite. Hubble vit que non seulement les galaxies s'éloignaient de nous, ce qui nous aurait donné une position privilégiée, mais qu'en plus elles s'éloignaient toutes les unes des autres. Hubble en conclut que

« Nous en observons de plus petites et de moins lumineuses, en nombre toujours croissant, et nous savons que nous allons toujours plus loin dans l'espace, jusqu'à ce que, avec la nébuleuse la plus ténue que l'on puisse observer à l'aide du plus grand des téléescopes, nous arrivions à la frontière de l'univers connu. »

Edwin Hubble, 1938

l'univers lui-même était en expansion, se gonflant comme un ballon de baudruche géant. Les galaxies sont comme des points sur le ballon, s'éloignant les unes des autres au fur et à mesure qu'on y insuffle de l'air.

Si loin si vite Encore aujourd'hui, les astronomes utilisent les étoiles variables des Céphéides pour étudier l'expansion de l'univers local. Un objectif majeur a été de mesurer avec précision la constante de Hubble. Pour ce faire, il faut savoir à quelle distance quelque chose se trouve et connaître sa vitesse ou son décalage vers le rouge. Les décalages vers le rouge sont faciles à mesurer à partir des spectres d'émission des atomes. La fréquence d'une transition atomique particulière dans la lumière stellaire peut être comparée à celle connue au laboratoire et la différence donne le décalage vers le rouge. Les distances sont plus difficiles à déterminer, parce qu'il faut observer quelque chose dans la galaxie lointaine dont on connaît soit la vraie taille, soit la vraie luminosité – une sorte de « chandelle standard ».

Il existe diverses méthodes pour déduire les distances astronomiques. Celle des étoiles Céphéides fonctionne pour des galaxies voisines dans lesquelles on peut séparer les étoiles individuelles. Mais à des distances plus grandes, d'autres techniques sont nécessaires. Toutes les techniques peuvent être utilisées simultanément pour former une règle géante, une « échelle de distance ». Chaque méthode ayant ses spécificités, de nombreuses incertitudes demeurent quant à la précision de l'échelle globale.

La constante de Hubble est maintenant connue avec une précision d'environ 10 %, en grande partie grâce aux observations réalisées avec le télescope spatial Hubble et aux mesures du rayonnement du fond diffus cosmologique. L'expansion de l'Univers a commencé avec le Big Bang, l'explosion qui le créa, et les galaxies s'éloignent les unes des autres depuis lors. La loi de Hubble fixe une limite à l'âge de l'univers. En effet, puisqu'il est en constante expansion, en remontant le fil de cette expansion jusqu'au point initial, on en connaît la durée. Cela donne environ 14 milliards d'années. Ce taux d'expansion n'est heureusement pas assez élevé pour briser notre univers. Au lieu de cela, le cosmos est finement équilibré, à mi-chemin entre l'explosion complète et le trop-plein de masse qui le conduirait à s'effondrer sur lui-même.

idée clé
L'univers en expansion

45 Le Big Bang

La naissance de l'univers, dans une explosion phénoménale, créa l'espace, la matière et le temps tels que nous les connaissons. Prédit par les mathématiques de la relativité générale, le Big Bang se révèle également dans la fuite des galaxies, les proportions d'éléments légers présents dans l'univers et le fond diffus micro-onde qui baigne le ciel.

Le Big Bang est l'explosion mère – celle par laquelle naquit l'univers. En regardant autour de nous aujourd'hui, nous voyons des signes de l'expansion de notre univers et en déduisons qu'il a dû être plus petit et plus chaud par le passé. Pousser ce raisonnement jusqu'à sa conclusion logique signifie que le cosmos dans son intégralité pourrait avoir trouvé son origine en un point unique. Au moment de l'ignition, espace, temps et matière furent tous créés ensemble dans une boule de feu cosmique. Très progressivement, en 14 milliards d'années, ce nuage bouillant et dense a enflé, s'est refroidi et a fini par se fragmenter pour donner les étoiles et les galaxies qui parsèment aujourd'hui les cieux.

Ce n'est pas une blague L'expression « Big Bang » fut en fait forgée pour tourner cette théorie en ridicule. L'éminent astronome britannique Fred Hoyle considérait comme absurde l'idée que l'univers tout entier puisse provenir d'un seul point. Dans une série de conférences diffusées pour la première fois en 1949, il se moquait d'une proposition tirée par les cheveux du mathématicien belge Georges Lemaître qui avait découvert une telle solution dans les équations de la relativité générale. Hoyle préférait, lui, croire à une vision plus durable du cosmos. Dans son univers « stationnaire », matière et espace étaient continuellement créés et détruits et pouvaient exister pour une durée indéterminée. Néanmoins, les éléments d'observation s'amassaient, et dans les années 1960, l'image statique de l'univers de Hoyle dut céder face au poids des éléments en faveur du Big Bang.

chronologie

1927
Friedmann et Lemaître conçoivent la théorie du Big Bang

1929
Hubble observe l'expansion de l'univers

L'univers en expansion Trois observations cruciales assurèrent le succès du modèle du Big Bang. La première est l'observation par Hubble dans les années 1920 de la récession des galaxies par rapport à la nôtre. Observées à une certaine distance, toutes les galaxies s'éloignent les unes des autres comme si le tissu de l'espace-temps s'étendait et s'étirait, suivant la loi de Hubble. Une conséquence de cette expansion est qu'il faut à la lumière un petit peu plus de temps pour nous parvenir que si les distances étaient fixées. Cet effet apparaît sous la forme d'un décalage dans les fréquences de la lumière, appelé décalage vers le rouge parce que la lumière reçue est plus rouge que la lumière émise par l'étoile ou la galaxie lointaine. Les décalages vers le rouge peuvent être utilisés pour calculer les distances astronomiques.

« Réglez votre téléviseur sur n'importe quelle chaîne qu'il ne reçoit pas ; environ 1 % de la neige que vous voyez est due aux vestiges du Big Bang. La prochaine fois que vous vous plaindrez qu'il n'y a rien à la télé, souvenez-vous que vous pouvez toujours regarder la naissance de l'univers. »

Bill Bryson, 2005

Les éléments légers Si l'on remonte le temps jusqu'aux premières heures de l'univers, juste après le Big Bang, tout était concentré dans un bouillonnant chaudron surchauffé. Durant la première seconde, l'univers était si chaud et si dense que même les atomes n'étaient pas stables. À mesure qu'il grandit et se refroidit, une soupe de particules émergea, pleine de quarks, de gluons et d'autres particules fondamentales (cf. page 144). Après seulement une minute, les quarks s'assemblèrent les uns avec les autres pour former protons et neutrons. Puis, dans les trois premières minutes, la chimie cosmique combina protons et neutrons en noyaux atomiques, selon leurs nombres respectifs. C'est à ce moment que les premiers éléments autres que l'hydrogène furent formés par fusion nucléaire. Une fois l'univers refroidi en deçà de la limite de fusion, aucun élément plus lourd que le béryllium ne pouvait plus être fabriqué. L'univers primordial regorgeait donc de noyaux d'hydrogène, d'hélium, de traces de deutérium (hydrogène lourd), de lithium et de béryllium créés par le Big Bang lui-même.

Dans les années 1940, Ralph Alpher et Georges Gamow prédirent les proportions d'éléments légers produits par le Big Bang et leurs calculs ont été confirmés, jusque par les observations les plus récentes dans les étoiles à combustion lente et les nuages de gaz primitifs de notre Voie Lactée.

1948 ·rédiction du fond diffus ·osmologique ·alculs de la nucléosynthèse ·rimordiale par Alpher et Gamow

1949 Hoyle introduit le terme de « Big Bang »

1965 Penzias et Wilson détectent le rayonnement du fond cosmologique

1992 Le satellite COBE cartographie le fond diffus cosmologique

Chronologie du Big bang

13,7 milliards d'années [après le Big Bang] Aujourd'hui (température, T = 2,726 kelvins)

200 millions d'années « Re-ionisation » : les premières étoiles réchauffent et ionisent l'hydrogène gazeux (T = 50 K)

380 000 ans « Recombinaison » : l'hydrogène gazeux se refroidit et forme des molécules (T = 3 000 K)

10 000 ans Fin de l'ère dominée par le rayonnement (T = 12 000 K)

1 000 secondes Désintégration des neutrons isolés (T = 500 millions de kelvins)

180 secondes « Nucléosynthèse » : formation de l'hélium et d'autres éléments à partir de l'hydrogène (T = 1 milliard de kelvins)

10 secondes Annihilation des paires électron-positron (T = 5 milliards de kelvins)

1 seconde Découplage des neutrinos (T ~ dix milliards de kelvins)

100 microsecondes Annihilation des pions (T ~ mille milliards de kelvins)

50 microsecondes « Transition QCD » : les quarks se lient en protons et neutrons (T ~ deux mille milliards de kelvins)

10 picosecondes « Transition électrofaible » : les forces électromagnétique et nucléaire faible se séparent (T ~ 1-2 millions de milliards de kelvins)

Avant ce temps, les températures sont si élevées que notre connaissance de la physique est incertaine.

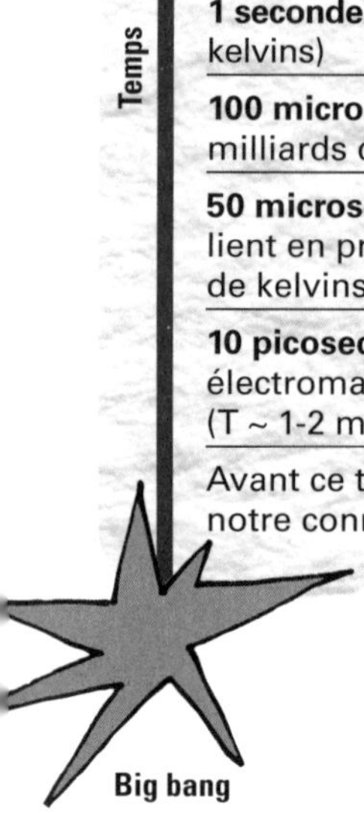

Éclat micro-onde Un autre des piliers soutenant la théorie du Big Bang fut la découverte en 1965 de l'écho, ténu, du Big Bang lui-même. Arno Penzias et Robert Wilson travaillaient sur un télescope radio au Bells Lab, lorsqu'ils furent intrigués par un faible bruit dont ils ne pouvaient se débarrasser. Il semblait qu'une source micro-ondes couvrît tout le ciel, correspondant à une température de quelques kelvins.

Après en avoir parlé à l'astrophysicien Robert Dicke de université de Princeton, ils réalisèrent que leur signal correspondait aux prédictions de l'éclat du Big Bang. Ils étaient tombés sur la radiation micro-onde du fond cosmologique, une mer de photons, vestige du bouillant univers primordial. Dicke, qui avait construit une antenne radio similaire pour observer le fond diffus, se réjouit moins : « Mince, on s'est fait doubler ! » lâcha-t-il.

L'existence du fond diffus avait été prédite dans la théorie du Big Bang par George Gamow, Ralph Alpher et Robert Hermann en 1948. Même si des noyaux furent synthétisés dans les trois premières minutes, les atomes ne furent pas formés avant 400 000 ans. Les électrons chargés négativement finirent par se coupler aux noyaux chargés positivement pour former des atomes d'hydrogène et d'autres éléments légers. Le retrait des particules chargées, qui diffractaient et bloquaient la lumière, dispersa le brouillard et rendit l'univers transparent. Dès lors, la lumière put se propager librement à travers l'univers, nous permettant de voir jusque-là. Bien que le brouillard du jeune univers fût initialement chaud (~ 3 000 K), l'expansion de l'univers l'a décalé vers le rouge si bien que nous le percevons aujourd'hui à une température inférieure à 3 K (trois degrés au-dessus du zéro absolu). C'est ce que Penzias et Wilson ont observé. Avec ces trois piliers intacts encore aujourd'hui, la théorie du Big Bang est largement acceptée par les astrophysiciens. Une poignée développe encore le modèle statique de Fred Hoyle, mais les observations y sont difficiles à expliquer.

« Il y a un plan cohérent dans l'univers, bien que je ne sache pas un plan de quoi. »

Fred Hoyle, 1915–2001

Passé et destinée Qu'y avait-il avant le Big Bang ? L'espace-temps ayant été créé par le Big Bang, cette question n'a pas vraiment de sens – un peu comme de demander : « où la Terre commence-t-elle ? » ou « qu'y a-t-il au nord du pôle nord ? ». Néanmoins, les spécialistes de physique mathématique explorent le déclenchement du Big Bang dans des espaces multidimensionnels (souvent à 11 dimensions) via les mathématiques de la théorie des cordes et de la théorie M. Ils considèrent la physique et les énergies des cordes et des membranes dans ces espaces multidimensionnels et incorporent des idées de physique des particules et de mécanique quantique pour voir comment peut se déclencher un tel événement. En faisant des liens avec des idées de physique quantique, certains cosmologistes s'intéressent également à l'existence d'univers parallèles.

Dans le modèle du Big Bang, l'univers évolue. La destinée du cosmos est essentiellement dictée par le rapport entre la quantité de matière qui le maintient par gravité et les autres forces physiques qui tendent à le déchirer, dont l'expansion. Si la gravité l'emporte, alors il se peut qu'un jour il cesse son expansion et même s'effondre sur lui-même, finissant en un Big Bang inversé appelé « Big Crunch ». Les univers pourraient ainsi connaître plusieurs cycles de naissances et de morts. Si l'expansion et les autres forces répulsives (comme l'énergie noire) gagnent, elles finiront par disperser étoiles, galaxies et planètes et notre univers deviendra un désert sombre de trous noirs et de particules. Enfin, reste la possibilité d'un univers « Boucle d'Or », où les forces d'attraction et de répulsion s'équilibrent, et l'expansion se poursuit indéfiniment quoiqu'elle ralentisse peu à peu. C'est le plus probable d'après la cosmologie contemporaine : notre univers est juste comme il faut.

idée clé
L'explosion mère

46 L'inflation cosmique

Pourquoi l'univers a-t-il la même apparence dans toutes les directions ? Et pourquoi, lorsque des rayons lumineux parallèles traversent l'espace, demeurent-ils parallèles, si bien que nous voyons des étoiles distinctes ? La réponse tient, nous pensons, à ce que l'on appelle l'inflation cosmique – l'idée est que le bébé univers a grandi si vite pendant une fraction de seconde que ses plis ont été lissés et que l'expansion qui s'en est suivie est venue contrebalancer exactement la gravitation.

L'univers dans lequel nous vivons a quelque chose de spécial. Lorsque nous le regardons, nous voyons, sans distorsion, des rangées d'étoiles et de galaxies lointaines. Il pourrait pourtant facilement en être autrement. La relativité générale d'Einstein décrit la gravitation comme une surface déformée d'espace et de temps sur laquelle les rayons lumineux suivent des trajectoires courbes (cf. page 164). Donc, potentiellement, les rayons lumineux pourraient s'emmêler et l'univers pourrait très bien avoir l'air d'une de ces galeries de miroirs que l'on trouve dans les fêtes foraines. Mais, globalement, à part quelques déviations occasionnelles au passage des galaxies, les rayons lumineux voyagent essentiellement en ligne droite à travers l'univers. La vue est ainsi relativement dégagée jusqu'au bord de l'univers visible.

«On dit qu'un déjeuner gratuit, cela n'existe pas. Mais l'univers est un déjeuner gratuit par excellence.»

Alan Guth, né en 1947

Platitude Bien que la théorie de la relativité pense l'espace-temps comme une surface courbe, les astronomes disent parfois de l'univers qu'il est plat, voulant dire en cela que des rayons lumineux parallèles demeurent parallèles quelle que soit la distance parcourue dans l'espace, exactement comme ils le feraient s'ils se propageaient sur un terrain plat. L'espace-temps peut être vu comme une toile de caoutchouc, dans laquelle les objets lourds creusent des dépressions au fond desquelles ils reposent, et qui correspondent à la gravitation. En réalité, l'espace-

chronologie

1981
Guth propose l'idée de l'inflation

1992
Le satellite explorateur du fond cosmique (Cosmic Background Explorer, COBE) détecte des zones plus chaudes et des zones plus froides et mesure leur température

La géométrie de l'Univers

Grâce aux dernières observations du fond diffus, réalisées entre autre par le satellite Wilkinson Microwave Anisotropy Probe en 2003 et 2006, les physiciens ont pu mesurer la forme de l'espace-temps à travers l'univers. En comparant les tailles des régions froides et des régions chaudes du fond diffus avec les prédictions de la théorie du Big Bang, ils ont montré que l'univers était « plat » : même s'ils traversaient tout l'univers et donc voyageaient pendant des milliards d'années, des rayons de lumière parallèles initialement le demeureraient.

temps a plus de dimensions qu'une toile (au moins quatre : trois d'espace et une de temps) mais il est difficile de se les représenter. En outre, les mailles de l'univers s'étirent continuellement, suite à l'explosion du Big Bang. La géométrie de l'univers est telle qu'elle demeure essentiellement plate, comme un dessus de table, modulo les quelques creux et bosses ici ou là dus à la répartition de la matière. Les trajectoires de la lumière dans l'univers sont donc relativement peu perturbées, mis à part quelques détours occasionnels autour des corps massifs.

S'il y avait trop de matière, cela pèserait sur la toile de l'univers et finirait par la faire se replier sur elle-même, renversant l'expansion. Dans ce scénario, des rayons lumineux initialement parallèles finiraient par converger et se rencontrer en un point. Réciproquement, s'il y avait trop peu de matière, la toile spatio-temporelle s'étirerait tant, que des rayons lumineux initialement parallèles divergeraient en se propageant. Néanmoins, notre univers réel semble être quelque part entre ces deux extrêmes, avec suffisamment de matière pour préserver le tissu de l'univers tout en permettant une expansion régulière. L'univers apparaît donc comme parfaitement posé (cf. encadré).

Identité Une autre caractéristique de l'Univers est qu'il offre plus ou moins la même apparence dans toutes les directions : les galaxies ne se concentrent pas en un point mais sont dispersées dans toutes les directions. Ceci peut ne pas paraître extrêmement surprenant à première vue, mais c'est en fait assez inattendu. En effet, l'univers est si grand que ses bords opposés ne devraient pas pouvoir communiquer

2003

La sonde Wilkinson (Wilkinson Microwave Anisotropy Probe) mesure l'anisotropie du fond diffus cosmologique

Le fond diffus

L'observation qui englobe tous ces problèmes à la fois est celle du rayonnement micro-onde du fond diffus. Ce rayonnement correspond à l'éclat lumineux du Big Bang, décalé vers le rouge à une température de 2,73 K. C'est exactement 2,73 K partout dans le ciel, avec quelques variations de 1 cent-millième ici ou là entre des zones « chaudes » et des zones « froides ». À ce jour, cette mesure demeure la température la plus précise jamais relever pour un corps ayant une température unique. Cette uniformité est surprenante parce que, lorsque l'univers était très jeune, des régions distantes les unes des autres ne pouvaient communiquer entre elles, même à la vitesse de la lumière. Il est donc troublant qu'elles aient exactement la même température. Les minuscules variations que l'on observe sont les empreintes fossiles des fluctuations quantiques dans l'univers primordial.

entre eux, même à la vitesse de la lumière : s'il existe depuis 14 milliards d'années, l'univers mesure 14 milliards d'années-lumière de diamètre et donc la lumière, même si elle voyage à la vitesse la plus grande que puisse atteindre un signal transmis, n'a pas eu le temps d'aller d'un bord de l'univers à l'autre. Alors comment un côté de l'univers peut-il savoir à quoi ressemble l'autre ? C'est ce que l'on appelle le « problème de l'horizon », « l'horizon » étant la plus grande distance parcourue par la lumière depuis la naissance de l'univers et dessinant une sphère lumineuse. Il existe donc des régions de l'espace que nous ne pouvons et ne pourrons jamais voir, parce que la lumière provenant d'elles n'a pas le temps de nous parvenir.

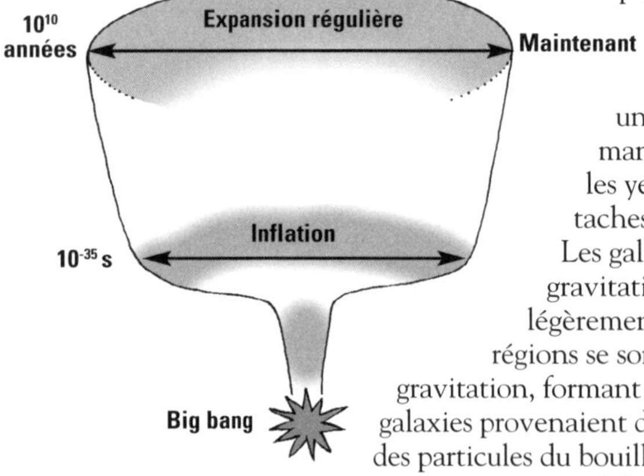

Uniformité L'univers est par ailleurs assez uniforme, au sens où les galaxies sont réparties de manière relativement uniforme dans le ciel. Si vous plissez les yeux, elles forment un fond lumineux plutôt que des taches ici ou là. De nouveau, ceci aurait pu ne pas être le cas. Les galaxies se sont formées au fil du temps du fait de la gravitation. Elles n'étaient à l'origine que des régions légèrement plus denses dans les vestiges gazeux du Big Bang. Ces régions se sont ensuite effondrées sur elle-même sous l'effet de la gravitation, formant des étoiles puis des galaxies. Les graines initiales de galaxies provenaient d'effets quantiques, de minuscules écarts dans l'énergie des particules du bouillant univers embryonnaire. Mais elles auraient très bien pu connaître une amplification telle qu'elles eussent formé de grands amas de galaxies plutôt que l'océan bien dispersé que nous observons : la distribution des galaxies dessine un paysage moutonnant plutôt que quelques hautes chaînes de montagnes.

Croissance Une idée permet de résoudre les problèmes de la platitude, de l'horizon et de l'uniformité : l'inflation. C'est le physicien américain Alan Guth qui développa, en 1981, cette solution. Le problème de l'horizon implique que l'univers a dû être, à un moment, suffisamment petit pour que la lumière puisse se propager dans toutes ses régions. Puisque ce n'est plus le cas, l'univers a dû ensuite grandir très vite pour atteindre la taille que l'on observe aujourd'hui. Cette période d'inflation a dû être extraordinairement rapide, bien plus rapide que la vitesse de la lumière. La rapidité de l'expansion, le doublement de la taille, son redoublement et ainsi de suite en une fraction de seconde ont brouillé les légères variations de densité due aux fluctuations quantiques, de la même manière qu'un motif imprimé sur un ballon devient moins net lorsque l'on gonfle celui-ci. Ainsi l'univers devint uniforme. Le processus d'inflation détermina également l'équilibre subséquent entre gravitation et expansion, celle-ci se poursuivant à un rythme bien plus tranquille. L'inflation se serait produite presque immédiatement après le Big Bang (10^{-35} seconde après).

La théorie de l'inflation n'a pas encore été prouvée et sa cause profonde n'est pas encore comprise – il existe autant de modèles que de théoriciens – mais c'est précisément l'objectif de la prochaine génération d'expériences, qui passent par une cartographie plus détaillée du fond diffus cosmologique et de sa polarisation.

« Il est assez fantastique de réaliser que les lois de la physique peuvent décrire comment tout fut créé par des fluctuations quantiques issues du néant, et comment en 15 milliards d'années la matière s'est organisée de manière si complexe qu'aujourd'hui des êtres humains vivent, bavardent, font des choses intentionnellement. »

Alan Guth, né en 1947

idée clé
Croissance cosmique

47 La matière noire

90 % de la matière de l'univers n'émet pas de lumière. On peut détecter cette matière noire par ses effets gravitationnels, mais elle interagit très peu avec la lumière ou la matière visible. Les chercheurs pensent qu'elle pourrait prendre la forme de MACHO, étoiles ratées et planètes gazeuses, ou de WIMP (mauviettes, en anglais [N.d.T.]), exotiques particules subatomiques – la quête de la matière noire constitue le far west de la physique.

La matière noire possède un nom assez exotique, et l'est peut-être elle-même, mais sa définition n'en est pas moins terre à terre. La plupart des choses que nous voyons dans l'univers brillent parce qu'elles émettent ou réfléchissent de la lumière. Les étoiles scintillent en produisant des photons et les planètes brillent en renvoyant la lumière du Soleil. Sans cette lumière, nous ne les verrions tout simplement pas. Quand la Lune passe dans l'ombre de la Terre, elle devient noire ; quand les étoiles n'ont plus de combustible, elles deviennent trop peu lumineuses pour être visibles ; même une planète aussi grosse que Jupiter serait invisible si elle vagabondait librement loin du Soleil. Ce n'est donc peut-être pas une si grande surprise de découvrir que la majeure partie de l'univers ne brille pas – qu'elle est constituée de matière noire.

Le côté obscur Bien que nous ne puissions observer la matière noire directement, nous pouvons détecter sa masse à travers l'attraction gravitationnelle qu'elle exerce sur d'autres corps astronomiques et sur les rayons lumineux. Si nous ne voyions pas la Lune, nous pourrions toujours déduire sa présence des légers effets qu'elle produit sur l'orbite terrestre. Nous avons même su utiliser les oscillations dues à la gravitation pour découvrir des planètes en orbite autour d'étoiles lointaines.

Dans les années 1930, l'astronome suisse Fritz Zwicky remarqua qu'un amas de galaxies situé non loin du nôtre se comportait d'une manière qui laissait penser que sa masse était bien plus grande que celle de toutes les étoiles visibles à l'intérieur. Il évalua qu'une matière noire inconnue représentait 400 fois la masse de la matière lumineuse – étoiles et gaz – présente dans tout l'amas. La proportion considérable de matière noire fut une très grande surprise : elle impliquait que la majeure partie de

chronologie

1933
Zwicky évalue la quantité de matière noire dans l'amas de Coma

Le budget énergétique

Nous savons aujourd'hui que seuls 4 % environ de la matière de l'univers est constituée de baryons (la matière normale faite de protons et de neutrons). La matière noire exotique, dont nous savons qu'elle n'est pas constituée de baryons, représente 23 %. Il est plus difficile de dire de quoi elle se compose, mais ce pourrait être des particules comme les WIMP. Le reste du budget énergétique de l'univers consiste en quelque chose de complètement différent, l'énergie noire.

l'univers ne consistait pas en étoiles et gaz mais en quelque chose d'autre. Que pouvait bien être cette matière noire ? Et où se cachait-elle ?

Il manque également de la masse dans les galaxies spirales individuelles. Le gaz dans les régions externes tourne plus vite qu'il ne le ferait si la galaxie n'avait que la masse des étoiles qui la composent. Ces galaxies sont donc plus massives que l'on ne s'y attend à partir de leur lumière. Ici aussi, la matière noire doit être des centaines de fois plus abondante que la matière visible. Non seulement la matière noire est présente dans les galaxies, mais en plus sa masse est si grande qu'elle détermine le mouvement des étoiles. La matière noire ne s'arrête d'ailleurs pas aux régions stellaires, elle forme un halo sphérique, une sorte de bulle, autour des disques galactiques aplatis.

Gain de poids Les astronomes ont cartographié la distribution de matière noire non seulement dans des galaxies individuelles mais aussi dans des amas contenant des milliers de galaxies liées par leur gravitation mutuelle, et dans des superamas de galaxies, des ensembles d'amas répartis sur un réseau s'étendant à travers tout l'espace. Partout où la gravitation est à l'œuvre, on trouve de la matière noire, quelle que soit l'échelle. Si nous faisons le total de toute la matière noire, nous trouvons qu'il y en a mille fois plus que de la matière lumineuse.

Le destin de l'univers tout entier dépend de sa masse globale. L'attraction exercée par la gravité vient contrebalancer l'expansion de l'univers due au Big Bang, et il n'y a que trois possibilités : soit l'univers contient suffisamment de matière pour que la

1975
Vera Rubin montre que la rotation des galaxies est influencée par la matière noire

1998
Découverte du fait que les neutrinos ont une masse (petite)

2000
Détection de MACHO dans la Voie Lactée

gravitation l'emporte et il finira par s'effondrer sur lui-même (cas d'un univers clos se terminant en Big Crunch), soit il y a trop peu de masse et l'univers poursuit son expansion indéfiniment (cas d'un univers ouvert), soit l'univers est exactement équilibré et l'expansion ralentit progressivement sous l'effet de la gravité, mais sur une durée si longue qu'elle ne cesse jamais. Ce dernier cas semble le plus adapté pour notre univers : il a précisément la quantité de matière requise pour ralentir l'expansion, sans jamais l'arrêter complètement.

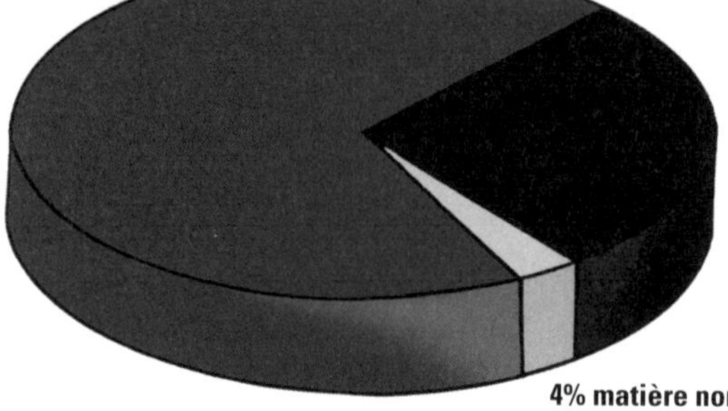

Mauviettes et Machos De quoi peut bien être constituée la matière noire ? Premièrement, il pourrait s'agir de nuages de gaz sombre, d'étoiles peu lumineuses ou de planètes. C'est ce que l'on appelle des MACHO, pour MAssive Compact Halo Objects (objets massifs et compacts du halo). Autre possibilité, la matière noire pourrait être un ou des nouveaux types de particules subatomiques, appelées WIMP pour Weakly Interacting Massive Particles (particules massives interagissant faiblement), qui n'auraient quasiment aucun effet sur le reste de la matière ou sur la lumière.

Les astronomes ont trouvé des MACHO dans notre propre galaxie. Les MACHO étant gros, à l'instar de la planète Jupiter, ils peuvent être repérés individuellement par leurs effets gravitationnels. Si une grosse planète ou une étoile ratée passe devant une étoile lumineuse, son champ de gravitation fera s'incurver les rayons de lumière, avec un effet de lentille dite gravitationnelle au moment où le MACHO passe juste devant l'étoile.

Dans les termes de la relativité générale, les MACHO déforment l'espace-temps, comme une boule creuse une toile de caoutchouc, ce qui incurve les fronts d'onde de la lumière passant à proximité (cf. page 164). Les astronomes ont cherché à repérer les effets de lentille gravitationnelle dus au passage de MACHO devant des millions d'étoiles. Ils en ont trouvé quelques-unes, mais trop peu pour expliquer la masse manquante de la Galaxie.

Les MACHO se composent de matière normale, de baryons, constitués de protons, de neutrons et d'électrons. L'évaluation la plus précise de la quantité de baryon dans l'univers s'obtient en mesurant celle de l'isotope d'hydrogène lourd, le deutérium. Le deutérium n'a été produit qu'au moment du Big Bang et n'a pu être produit par la suite dans les étoiles, bien qu'elles puissent le « brûler ». Donc, en mesurant la quantité de deutérium contenue dans les nuages de gaz immaculés, les astronomes peuvent estimer le nombre total de protons et de neutrons créés au moment du Big

« L'univers est essentiellement constitué d'énergie noire et de matière noire, et nous ne savons ce que sont ni l'une, ni l'autre. »

Saul Perlmutter, 1999

Bang, grâce à une connaissance très précise du mécanisme de synthèse du deutérium. Le résultat se révèle ne représenter que quelques pour cent de la masse de l'univers. Le reste de l'univers doit donc être sous une forme entièrement différente, par exemple celle des WIMP.

La quête des WIMP concentre aujourd'hui beaucoup d'attention. Les WIMP, interagissant faiblement, sont par nature difficiles à détecter. Un candidat est le neutrino : au cours de la dernière décennie, les physiciens ont mesuré sa masse et se sont aperçus qu'elle était très petite mais non nulle. Les neutrinos représentent ainsi une partie de la masse de l'univers – mais il en manque encore. Il reste donc de la place pour d'autres particules exotiques qui demeurent à découvrir, certaines entièrement nouvelles comme les axions ou les photinos. La matière noire, une fois comprise, pourrait éclairer la physique.

idée clé
Le côté obscur de l'univers

48 La constante cosmologique

Einstein dit de l'addition d'une constante cosmologique à ses équations de la relativité générale qu'elle avait constitué sa plus grande erreur. Ce terme permettait une accélération ou un ralentissement du taux d'expansion de l'univers afin de compenser la gravitation. Einstein n'avait pas besoin de cette constante et il finit par l'abandonner. Cependant, dans les années 1990, de nouvelles données vinrent plaider en sa faveur. Les astronomes découvrirent en effet une mystérieuse énergie noire causant une accélération de l'expansion de l'univers – ceci conduisit à une réécriture de la cosmologie moderne.

Albert Einstein pensait que nous vivions dans un univers stationnaire plutôt que dans un univers né d'un Big Bang. Essayant de mettre ceci en équation, il rencontra un problème : s'il n'avait que la gravitation, alors l'univers finirait par s'effondrer sur lui-même en un point, formant peut-être un trou noir. Manifestement, l'univers réel n'était pas ainsi et semblait plutôt stable. Einstein ajouta donc un terme à sa théorie, pour contrebalancer la gravitation, une sorte de terme de répulsion, d'« antigravité ». Non pas qu'il eût connaissance d'une telle force : il ne l'introduisit que pour des raisons mathématiques. Mais cette formulation se révéla immédiatement problématique.

S'il existait une force venant contrebalancer la gravitation, elle pouvait déchirer des régions de l'univers dépourvues d'un champ de gravitation suffisamment fort, tout comme la gravitation pouvait causer un effondrement. Plutôt que de laisser ouverte cette possibilité, Einstein préféra ignorer ce terme de répulsion et admettre qu'il s'était trompé. Les autres physiciens préféraient également laisser tomber ce terme, qui fut ainsi relégué aux oubliettes de l'histoire. Du moins crut-on. Le terme ne disparut en fait pas – il demeura dans les équations de la relativité mais sa valeur, la constante cosmologique, était considérée comme nulle.

chronologie

1915
Einstein publie la théorie de la relativité générale

1929
Hubble montre que l'espace est en expansion et Einstein abandonne sa constante

Un univers qui accélère Dans les années 1990, deux groupes d'astronomes observèrent des supernovæ dans des galaxies lointaines afin de déterminer la géométrie de l'espace. Ils constatèrent que les supernovæ lointaines étaient moins brillantes qu'elles n'auraient dû. Il existe de nombreux types de supernovæ, qui sont des explosions très lumineuses d'étoiles mourantes. Les supernovæ Ia possèdent un éclat prévisible et sont donc très utiles pour mesurer des distances. À l'instar des Céphéides utilisées pour mesurer les distances des galaxies et établir la loi de Hubble, la luminosité intrinsèque des supernovæ Ia peut être déterminée à partir de leur spectre de sorte qu'il est possible de dire à quelle distance elles se trouvent. Ceci fonctionnait très bien pour des supernovæ proches, mais plus elles étaient lointaines, plus leur luminosité intrinsèque semblait diminuer, comme si elles s'étaient trouvées plus loin qu'elles n'auraient dû.

« Durant 70 ans, nous avons essayé de mesurer le ralentissement de l'expansion de l'univers, nous y parvenons enfin et nous découvrons que, en fait, elle s'accélère ! »

Michael S. Turner, 2001

La découverte d'un nombre toujours croissant de supernovæ confirma cette diminution de la luminosité avec la distance, et commença à laisser penser que l'expansion de l'univers n'était pas régulière, contrairement à ce qu'affirmait la loi de Hubble, mais s'accélérait. Ce fut un grand choc pour la communauté des cosmologistes – elle essaie encore de s'en remettre.

Les mesures des supernovæ s'accordaient bien avec les équations d'Einstein, à condition d'inclure un terme négatif revenant à avoir une constante cosmologique non nulle, ayant une valeur d'environ 0,7. Ces mesures, avec d'autres comme celle du fond diffus, montraient qu'une force répulsive venant contrebalancer la gravitation était certes nécessaire, mais une force relativement faible. On ne comprend toujours pas aujourd'hui pourquoi elle est si faible, puisqu'il ne semble y avoir aucune raison qu'elle n'adopte pas une valeur bien plus grande et ne domine pas complètement la gravitation. Au lieu de cela, elle est très proche en intensité de la gravitation, ce qui produit un effet subtil sur l'espace-temps. Ce terme d'énergie négative a été baptisé « énergie noire ».

1998

Des données relatives aux supernovæ indiquent la nécessité d'une constante cosmologique

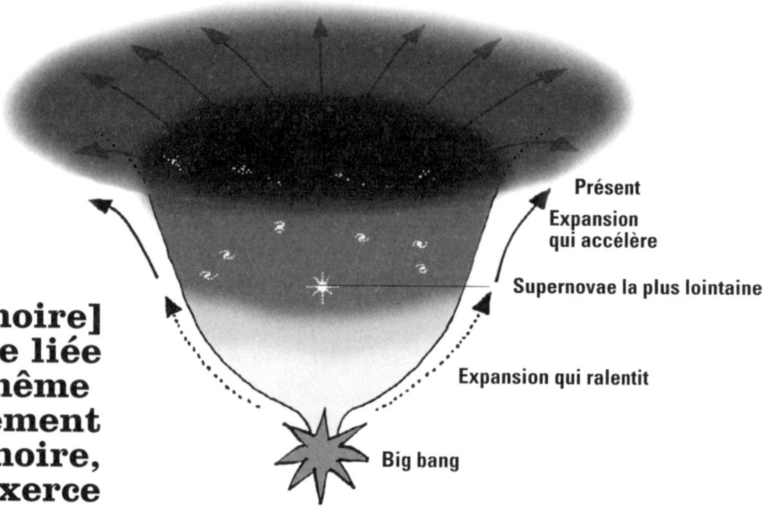

« Elle [l'énergie noire] semble être liée à l'espace lui-même et, contrairement à la matière noire, qui exerce une gravitation, elle semble avoir un effet en quelque sorte inverse, contraire à la gravitation, effet qui conduit l'univers à se repousser lui-même. »

Brian Schmidt, 2006

L'énergie noire L'origine de l'énergie noire demeure un mystère. Tout ce que nous savons, c'est qu'il s'agit d'une forme d'énergie associée au vide, source d'une pression négat dans les régions dépourvues de matière gravitationnellement active. Elle entraîne donc un gonflement des régions vides de l'espace. Nous connaissons à peu près son intensité grâce aux mesures des supernovæ, mais nous n'en savons guère plus. Nous ignorons si elle est vraiment constante – si elle prend toujours la même valeur partout dans l'univers et dans le temps (comme c'est le cas pour la constante de gravitation ou la vitesse de la lumière) – ou si sa valeur change au fil du temps de sorte qu'elle aurait pu avoir une valeur différente juste après le Big Bang ou qu'elle pourrait avoir une valeur différente dans l'avenir. Dans sa forme plus générale, on l'appelle parfois « quintessence » ou cinquième force, englobant ainsi tous les changements qu'elle pourrait connaître dans le temps. Mais on ne sait toujours pas comment cette force se manifeste ni comment elle apparaît dans la physique du Big Bang. C'est un sujet d'étude d'une brûlante actualité pour les physiciens.

De nos jours, nous avons une bien meilleure compréhension de la géométrie de l'univers et de ce qui le constitue. La découverte de l'énergie noire a permis d'équilibrer les comptes en cosmologie, en venant couvrir le déficit dans le budget énergétique de l'univers. Nous savons aujourd'hui qu'il se compose de 4 % de matière baryonique normale, de 23 % de matière exotique non baryonique et de 73 % d'énergie noire. En s'additionnant, ces nombres donnent à peu près la quantité qu'il faut pour un « univers Boucle d'Or », c'est-à-dire proche de la masse critique qui lui permet de n'être ni ouvert ni fermé.

« Il faut souligner, cependant, le fait que nos résultats donnent à l'espace un rayon de courbure positif, même si l'on n'introduit pas le terme supplémentaire [la constante cosmologique]. Ce terme n'est nécessaire que pour rendre possible une distribution quasi-statique de la matière. »

Albert Einstein, 1918

Les mystérieuses qualités de l'énergie noire font que même en connaissant la masse totale de l'univers, il est difficile de prédire son évolution car nous ne savons pas si l'influence de l'énergie noire va croître ou non dans le futur. Si l'univers accélère alors, à cet instant, le nôtre, l'énergie noire est presque exactement aussi importante que la gravitation, mais à un instant ultérieur, l'accélération fera qu'elle la dominera. La destinée de l'univers pourrait donc bien être une expansion éternelle, toujours plus rapide. Des scénarios effrayants ont d'ailleurs été envisagés – une fois la gravitation dépassée, les structures massives se désintégreront, même les galaxies finiront par voler en éclats et les étoiles s'évaporeront en une nuée d'atomes. La pression négative pourrait même aller jusqu'à démanteler les atomes, ne laissant qu'un morne océan de particules subatomiques.

Néanmoins, bien que les pièces du puzzle cosmologique commencent à se mettre en place, et bien que nous ayons mesuré une grande partie des nombres qui caractérisent la géométrie de l'univers, de grandes questions demeurent sans réponse. Nous ignorons ce qui constitue 95 % de l'univers, tout comme nous ignorons ce que cette cinquième force, la quintessence, est réellement. Il n'est donc pas encore temps de nous endormir sur nos lauriers – l'univers garde son mystère.

idée clé
La cinquième force

49 Le paradoxe de Fermi

La détection d'une vie extraterrestre serait la plus grande découverte de tous les temps. Enrico Fermi se demanda, étant donné l'âge de l'univers, son étendue, la présence de milliards d'étoiles et de planètes depuis des milliards d'années, pourquoi nous n'avions pas encore été contactés par des civilisations extraterrestres. Voilà le paradoxe qui porte son nom.

Bavardant avec des collègues un jour de 1950, le professeur de physique Enrico Fermi aurait demandé : « Où sont-ils ? ». Notre propre Galaxie contient des milliards d'étoiles et il existe des milliards de galaxies dans l'univers – cela fait donc des milliards de milliards d'étoile. Si autour de ne serait-ce qu'une fraction de ces étoiles orbitaient des planètes, cela ferait beaucoup de planètes. Si une fraction de ces planètes abritait la vie, il y aurait des millions de civilisations dans l'univers. Alors pourquoi ne les avons-nous pas encore vues ? Pourquoi ne nous ont-elles pas encore contactés ?

L'équation de Drake En 1961, Frank Drake mit en équation la probabilité qu'existe dans la Voie Lactée une civilisation extraterrestre « contactable ». L'équation de Drake nous apprend qu'il y a une chance pour que nous coexistions avec une civilisation extraterrestre mais que cette chance est assez incertaine. Carl Sagan suggéra un jour que la Voie Lactée pouvait être peuplée d'un million de civilisations extraterrestres, mais il revit plus tard son évaluation à la baisse et d'autres ont estimé depuis que la valeur probable est d'une seule, la nôtre. Plus d'un demi-siècle après que Fermi a posé la question, nous n'avons toujours pas de nouvelles. Malgré nos systèmes de télécommunication, personne ne nous a appelés, et plus nous explorons notre voisinage immédiat, plus il paraît désert. Aucun signe concret de vie, pas même de la bactérie la plus élémentaire n'a été découvert sur la Lune, Mars, les astéroïdes, les autres planètes du système solaire ou leurs lunes. Il n'y a, dans la lumière venant des étoiles, aucun signe d'interférence qui pourrait indiquer la présence de satellites géants chargés d'en récupérer l'énergie. Et ce n'est pas par

chronologie

1950
Fermi s'interroge sur l'absence de contacts avec des extraterrestres

1961
Drake établit son équation

manque d'observation. Étant donné les enjeux, la recherche d'une intelligence extraterrestre jouit de beaucoup d'attention.

« Qui sommes-nous ? Nous vivons sur une planète insignifiante, en orbite autour d'une étoile moyenne perdue dans une galaxie planquée dans un recoin oublié d'un univers dans lequel il y a bien plus de galaxies que de personnes. »

Werner von Braun, 1960

À la recherche de la vie

Comment chercher des signes de vie extraterrestre ? La première méthode consiste à commencer par chercher des microbes dans notre système solaire. Les scientifiques ont ainsi passé au peigne fin des cailloux lunaires – mais ce ne sont que des morceaux de basalte inanimé. On a pu penser que des météorites martiennes arboraient des vestiges de vies bactériennes, mais il n'a toujours pas été démontré que les bulles ovoïdes dans ces roches ont vraiment hébergé une vie extraterrestre et non pas plutôt été contaminées après leur chute sur Terre – ce pourrait aussi être les traces de processus géologiques naturels. Au-delà des échantillons rocheux, des caméras embarquées sur des sondes et des modules spatiaux ont épié les surfaces de Mars, de divers astéroïdes et même d'une lune de Saturne – Titan.

Mais la surface martienne est un désert aride de poussières et de roches volcaniques, qui n'est pas sans rappeler le désert de l'Atacama au Chili. La surface de Titan est humide, inondée de méthane liquide mais, pour l'instant, dénué de vie. Europe, une des lunes de Jupiter, semble être une cible de choix pour les prochaines recherches de vie extraterrestre dans le système solaire car elle abrite peut-être des océans d'eau liquide sous sa surface gelée. Les spécialistes de l'espace prévoient d'y envoyer une sonde qui creuserait à travers la glace pour aller voir ce qu'elle cache. D'autres lunes du système solaire externe se sont révélées assez actives sur le plan géologique, relâchant de la chaleur du fait des tensions et des compressions que le couple gravitionnel de leur géante gazeuse leur fait subir. L'eau liquide n'est donc peut-être pas un bien si rare dans le système solaire externe, ce qui augmente les chances d'y découvrir un jour une vie extraterrestre. Les sondes et les vaisseaux que l'on envoie dans cette région sont stérilisés, de manière à être sûr que nous ne contaminions pas ces confins avec des microbes terrestres.

1996

Des météorites en Antarctique suggèrent l'existence de formes primitives de vie sur Mars

L'équation de Drake

$N = N^* \times f_p \times n_e \times f_l \times f_i \times f_c \times f_L$ où :

N est le nombre de civilisations dans la Voie Lactée dont les émissions électromagnétiques sont détectables.

N^* est le nombre d'étoiles dans la galaxie.

f_p est la fraction de ces étoiles possédant un système planétaire.

n_e est le nombre de planètes, par système solaire, avec un environnement adapté à la vie.

f_l est la fraction de planètes vivables sur lesquelles la vie apparaît effectivement.

f_i est la fraction de planètes habitées sur lesquelles une vie intelligente se développe.

f_c est la fraction de civilisations qui développent une technologie émettant des signes de leur existence détectables dans l'espace.

f_L est la fraction d'une durée de vie planétaire pendant laquelle de telles civilisations émettent dans l'espace des signaux détectables (pour la Terre cette fraction est pour l'instant très faible).

Mais les microbes ne risquent pas de nous téléphoner. *Quid* d'animaux ou de plantes plus sophistiqués ? Maintenant qu'ils ont détecté des planètes en orbite autour d'étoiles lointaines, les astronomes s'apprêtent à en disséquer la lumière à la recherche des signes d'une chimie pouvant signifier la vie. Des traces spectrales d'ozone ou de chlorophylle pourraient être détectées, mais il faudra pour cela des observations plus précises, comme celles de la prochaine génération de missions spatiales comme le *Terrestrial Planet Finder* de la NASA. Il se peut qu'un jour ces missions trouvent une sœur à notre Terre, mais dans ce cas, sera-t-elle peuplée d'humains, de poissons, de dinosaures, ou bien sera-t-elle juste un ensemble désert de continents et d'océans ?

Contact La vie sur d'autres planètes, y compris des planètes semblables à la Terre, pourrait avoir évolué différemment. Il n'est donc pas certain que des extraterrestres, s'ils existaient, seraient capables de communiquer avec nous. Depuis l'invention de la radio et de la télévision, leurs émissions se sont diffusées au-delà de la Terre, leurs ondes se propageant à la vitesse de la lumière vers le lointain. Un téléspectateur vivant sur Alpha du Centaure (située à 4 années-lumière) regarderait les programmes télés terrestres avec 4 ans de retard, appréciant peut-être d'ailleurs les rediffusions du film *Contact*. Ce sont des films en noir et blanc qui atteindraient l'étoile Arcturus, et Charlie Chaplin pourrait être à l'affiche sur Aldébaran. Ainsi, la Terre envoie plein de signaux, reste à avoir la bonne antenne pour les recevoir. D'autres civilisations n'en feraient-elles pas autant ? Les astronomes épient le spectre radio des étoiles les plus proches à la recherche de signaux artificiels.

« Notre Soleil est une étoile parmi les 100 milliards de notre Galaxie. Notre Galaxie est une parmi des milliards peuplant l'univers. Ce serait le summum de la fatuité de croire que nous serions les seuls êtres vivants dans cette colossale immensité. »

Carl Sagan, 1980

Le spectre radio est vaste, ils se concentrent donc sur des fréquences proches des transitions naturelles clés, comme entre les niveaux d'énergie de l'hydrogène, qui devraient être les mêmes partout dans l'univers. Ils cherchent des transmissions régulières ou structurées qui ne seraient pas émises par des corps célestes connus. En 1967, Jocelyn Bell, alors étudiante de troisième cycle à Cambridge, eut la stupeur de découvrir des impulsions radio en provenance d'une étoile. D'aucuns pensèrent qu'il s'agissait d'un code Morse extraterrestre, mais c'était en fait un nouveau type d'étoiles à neutrons en rotation, aujourd'hui appelé pulsar. Passer au crible des milliers d'étoiles prend un temps considérable, c'est pourquoi un projet spécial a été lancé aux États Unis, intitulé SETI (Search for ExtraTerrestrial Intelligence, recherche d'une intelligence extraterrestre). Malgré plusieurs années d'analyses, aucun signal étrange n'a été détecté. D'autres radiotélescopes participent parfois aux recherches, sans avoir repéré quoi que ce soit.

Sorti déjeuner Alors, étant donné que l'on peut imaginer de nombreuses façons de communiquer et de détecter des signes de vie, pourquoi aucune civilisation extraterrestre ne répond à nos appels ni ne nous envoie ses propres messages ? Pourquoi le paradoxe de Fermi tient-il toujours ? Il existe de nombreuses pistes. Peut-être la vie à un stade avancée, durant lequel la communication est possible, n'existe-t-elle que pour un temps très bref. Pourquoi en serait-il ainsi ? Peut-être la vie intelligente s'éteint-elle toujours très vite. Peut-être est-elle autodestructrice et ne survit-elle jamais longtemps, si bien que les chances de communications sont effectivement très faibles. Il y a aussi des scénarios plus paranoïaques. Peut-être les extraterrestres ne souhaitent-ils tout simplement pas entrer en contact avec nous et nous laissent-ils volontairement isolés. Ou peut-être sont-ils trop occupés et n'ont-ils pas encore eu le temps d'y songer.

idée clé
Il y a quelqu'un ?

50 Le principe anthropique

Selon le principe anthropique, l'univers est tel qu'il est parce que s'il était différent, nous ne serions pas là pour l'observer. C'est une des explications des raisons pour lesquelles tous les paramètres qui apparaissent en physique prennent telle valeur et non telle autre, qu'il s'agisse de la magnitude des forces nucléaires, de celle de l'énergie noire ou de la masse de l'électron. Si un de ces paramètres variait ne serait-ce que d'un iota, l'univers ne serait pas habitable.

Si la force nucléaire forte était légèrement différente, protons et neutrons ne se souderaient pas pour former des noyaux et les atomes ne pourraient pas exister. La chimie n'existerait pas ; le carbone n'existerait pas et donc la biologie et les humains n'existeraient pas. Si nous n'existions pas, qui « observerait » l'univers et l'empêcherait de n'être qu'une soupe quantique de probabilités ?

En outre, même si les atomes existaient et que l'univers avait évolué pour former toutes les structures que nous connaissons aujourd'hui, il suffirait que l'énergie noire soit un tout petit peu plus forte pour que les galaxies et les étoiles soient déjà en train de se désagréger. Ainsi, d'infimes changements dans les valeurs des constantes physiques, dans la taille des forces ou les masses des particules, pourraient avoir des conséquences catastrophiques. Les forces sont toutes « juste comme il faut » pour que l'humanité ait pu se développer. Est-ce un hasard si nous vivons dans un univers âgé de 14 milliards d'années, où l'énergie noire et la gravité s'équilibrent et où les particules subatomiques ont les formes qu'elles ont ?

chronologie

1904

Alfred Wallace considère la place de l'homme dans l'univers

1957

Robert Dicke écrit que l'univers est contraint par des facteurs biologiques

Juste bien Plutôt que de penser que l'humanité est particulière et spéciale et que l'univers tout entier n'a été créé que pour nous – une hypothèse peut-être légèrement arrogante – le principe anthropique explique qu'il n'y là rien de surprenant. Si une seule des forces fondamentales était légèrement différente, nous ne serions tout simplement pas là pour le voir. Tout comme il existe de nombreuses planètes mais, pour autant que nous sachions, une seule remplissant les conditions nécessaires à la vie, l'univers aurait très bien pu exister sous de multiple forme mais c'est seulement dans la forme actuelle que nous apparaissons. De même, si mes parents ne s'étaient jamais rencontrés, si le moteur à combustion n'avait pas été inventé, mon père n'aurait pas pu aller vers le nord et rencontrer ma mère, et je ne serais pas là. Cela ne veut pas dire que l'univers tout entier a évolué ainsi juste pour que j'apparaisse. Mais le fait que j'existe effectivement requiert, entre autres choses, que le moteur ait été inventé préalablement et cela réduit donc la gamme d'univers dans lesquels je peux exister.

Robert Dicke et Brandon Carter ont utilisé le principe anthropique en physique et en cosmologie. C'est un argument que connaissent les philosophes. Une version appelée « principe anthropique faible » postule que nous ne serions pas là si les paramètres étaient différents et donc que le fait même que nous existions restreint les propriétés envisageables des univers physiques habitables. Une autre version, plus forte, souligne l'importance de notre propre existence, faisant de la vie un résultat nécessaire de l'univers venant au monde. Par exemple, il faut des observateurs pour rendre concret un univers quantique. John Barrow et Frank Tipler proposèrent également une autre version, dans laquelle le traitement de l'information est une fin fondamentale de l'univers et où celui-ci doit donc produire des créatures capables de traiter l'information.

« Les valeurs observées de toutes les quantités physiques et cosmologiques ne sont pas équiprobables : elles sont contraintes par la nécessité qu'il existe des sites dans lesquelles une vie basée sur la chimie du carbone peut se développer et [...] par le fait que l'univers doit être suffisamment vieux pour que cela se soit produit. »

John Barrow et Frank Tipler, 1986

1973

Brandon Carter considère le principe anthropique

Bulles anthropiques

Nous pouvons nous soustraire au dilemme anthropique si plusieurs univers parallèles, plusieurs « bulles », accompagnent l'univers dans lequel nous vivons. Chaque bulle-univers peut avoir des paramètres physiques légèrement différents. Ceux-ci déterminent l'évolution de chaque univers et le fait qu'il puisse ou non abriter une forme de vie. Pour autant que nous sachions, la vie est difficile et ne choisira donc que peu d'univers. Mais puisqu'il y a un très grand nombre de bulles, la vie est une possibilité et notre existence n'est pas si improbable que cela.

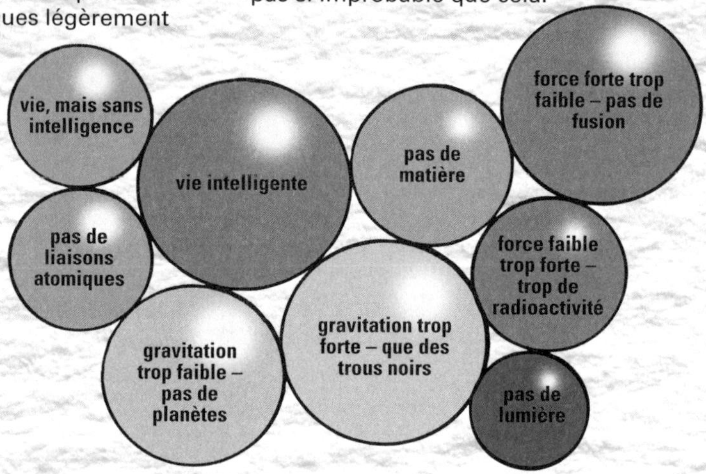

Mondes multiples Pour que des humains aient pu y apparaître, il faut que l'univers soit vieux, afin de laisser le temps au carbone de se former dans les premières générations d'étoiles. Il faut également que les forces nucléaires forte et faible soient « juste comme il faut » pour permettre la physique nucléaire et la chimie. La gravitation et l'énergie noire doivent être en équilibre pour que des étoiles apparaissent plutôt qu'un univers déchiré. En outre, les étoiles doivent vivre suffisamment longtemps pour permettre la formation des planètes, et elles doivent être assez grosses pour que nous puissions nous trouver sur une planète agréable, jolie et tempérée dans la banlieue du soleil, avec de l'eau, de l'azote, de l'oxygène et toutes les autres molécules nécessaires à la vie.

Puisque les physiciens peuvent imaginer des univers dans lesquels ces grandeurs sont différentes, d'aucuns ont suggéré que ces univers pouvaient avoir été créés comme le nôtre. Ils peuvent exister sous la forme d'univers parallèles, ou « multivers » ; nous n'existerions que dans un seul de ces univers réalisés.

Cette idée s'accorde au principe anthropique en autorisant des univers où nous ne pouvons exister. Ils pourraient être actualisés dans des dimensions supérieures et se séparer selon les modes requis pour les différents résultats possibles d'une observation en mécanique quantique (cf. page 115).

D'un autre côté Le principe anthropique a ses détracteurs. Certains considèrent que c'est un truisme – c'est ainsi parce que c'est ainsi – et qu'il n'apporte rien de nouveau. D'autres ne sont pas satisfaits que seul un unique univers soit observable et testable, et parcourent les mathématiques à la recherche de méthodes pour que notre univers se déduise exactement des équations, pour des raisons physiques. L'idée d'un multivers se rapproche de ce point de vue. Cependant, d'autres théoriciens dont les cordistes et les partisans de la théorie M essaient de remonter au-delà du Big Bang pour ajuster précisément les paramètres. Ils regardent l'océan quantique qui le précède comme une sorte de paysage énergétique et se demandent où l'univers atterrira si on le laisse se déployer dans ce paysage. Si vous lâchez une bille sur des montagnes russes, la bille aura plus de chances de s'arrêter en certains points, comme au fond des creux. Donc, en essayant de minimiser son énergie, l'univers pourrait naturellement rechercher certaines combinaisons de paramètres et que nous y apparaissions ou non n'aurait pas d'importance.

« Pour faire une tarte au pomme, il faut d'abord créer l'univers. »

Carl Sagan, 1980

Les partisans du principe anthropique et d'autres, qui explorent les moyens mathématiques d'aboutir à l'univers que nous connaissons, ne s'accordent pas sur la manière dont nous sommes arrivés là, ni même sur la pertinence de cette question. Dès que nous remontons au-delà du Big Bang et de l'univers observable, dans le royaume des univers parallèles et des champs d'énergie préexistants, c'est en terrain philosophique que nous nous trouvons. Mais quelles que soient les causes de l'apparence actuelle de l'univers, il est heureux pour nous que les choses se soient produites ainsi voici des milliards d'années. On peut comprendre qu'il faille du temps pour préparer la chimie nécessaire à la vie ; mais il est plus que chanceux que nous vivions ici, à cet instant particulier de l'histoire de l'univers où l'énergie noire équilibre de manière relativement bénigne l'attraction de la gravitation.

idée clé
L'univers juste comme il faut

Glossaire

Accélération. Variation de la vitesse d'un corps par unité de temps.

Aléatoire. Un événement aléatoire n'est déterminé que par le hasard. Aucun résultat particulier n'est favorisé.

Atome. Plus petite unité de matière susceptible d'exister indépendamment. Les atomes contiennent un noyau dur constitué de protons (charge +) et de neutrons (sans charge) entouré d'un nuage d'électrons (charge –).

Boson. Particule possédant une fonction d'onde symétrique ; deux bosons peuvent occuper le même état quantique (cf. Fermion).

Champ. Moyen de transmettre une force à distance. Électricité, magnétisme, gravitation sont des champs.

Corps noir (rayonnement). Lumière émise par un objet noir à une température donnée, présentant un spectre caractéristique.

Décalage vers le rouge. Décalage de la longueur d'onde de la lumière émise par un objet s'éloignant de nous, dû à l'effet Doppler ou l'expansion cosmologique. Permet de mesurer la distance des galaxies et des étoiles lointaines.

Diffraction. Étalement et dispersion des ondes au passage d'un bord.

Dualité onde-corpuscule. Caractérise des entités, en particulier la lumière, qui se comportent tantôt comme des ondes, tantôt comme des particules.

Élasticité. Les matériaux élastiques obéissent à la loi de Hooke. Leur allongement est proportionnel à la force appliquée.

Électricité. Flux de charges électriques, courant d'une certaine intensité caractérisé par une tension et ralenti ou bloqué par la résistance.

Énergie. Propriété des choses qui déterminent leur potentiel de transformation. Elle est globalement conservée mais peut être transformée de l'une à l'autre de ses formes.

Entropie. Mesure du désordre. Plus une chose est ordonnée, moins l'entropie y est grande.

Fermion. Particule obéissant au principe d'exclusion de Pauli, selon lequel deux fermions ne peuvent se trouver dans le même état quantique (cf. Boson).

Fond diffus (rayonnement micro-onde du). Rayonnement micro-onde ténu baignant le ciel tout entier. Vestiges lumineux du Big Bang, refroidis et décalés vers le rouge jusqu'à une température de 3 K.

Force. Attraction, poussée, répulsion modifiant le mouvement de quelque chose. La deuxième loi de Newton définit la force par son rapport de proportionnalité avec l'accélération qu'elle produit.

Fréquence. Nombre de crêtes d'une onde qui passent en un point pendant une unité de temps.

Galaxie. Groupe ou nébuleuse de millions d'étoiles agglomérées par la gravitation. Notre propre Voie Lactée est une galaxie spirale.

Gaz. Nuage de molécules ou d'atomes libres. Les gaz n'ont pas de frontière mais peuvent être confinés.

Gravitation. Force fondamentale par laquelle toute masse exerce sur toute autre masse une attraction. La gravitation est décrite par la théorie de la relativité générale d'Einstein.

Inertie. cf. Masse.

Interférence. Superposition d'ondes de différentes phases pouvant se renforcer (en phase) ou s'annuler (déphasées).

Intrication. Concept physique quantique suivant lequel des particules interagissant à un moment dans le temps conservent ensuite en elles cette information et peuvent ainsi être utilisées pour des communications instantanées.

Isotope. Élément chimique existant sous plusieurs formes, avec le même nombre de protons mais des nombres de neutrons différents à l'intérieur du noyau – les isotopes ont donc des masses atomiques différentes.

Masse. Propriété équivalente au nombre d'atomes ou à la quantité d'énergie que quelque chose contient. L'inertie est un concept similaire qui décrit la masse en termes de résistance au mouvement – un objet plus lourd (plus massif) est plus difficile à mettre en mouvement.

Métrique (de l'espace-temps). Combinaison de l'espace géométrique et du temps en une unique fonction mathématique.

Mondes multiples (hypothèse des). Concept de physique quantique et de cosmologie selon lequel il existe plusieurs univers parallèles, qui apparaissent au fur et à mesure que surviennent des événements – et nous appartenons toujours à la même branche.

Mouvement (quantité de). Produit de la masse par la vitesse, correspondant au degré de difficulté pour arrêter un objet en mouvement.

Noyau. Partie centrale, dure, de l'atome, constituée de protons et de neutrons soudés ensemble par la force nucléaire forte.

Observateur. En physique quantique, un observateur est quelqu'un qui réalise une expérience et mesure un résultat.

Onde :

- **Fonction d'onde.** En physique quantique, fonction mathématique qui décrit toutes les caractéristiques d'une particule ou d'un corps, et en particulier la probabilité qu'il possède certaines propriétés ou se trouve en un certain point.
- **Front d'onde.** Ligne de crête d'une onde.
- **Longueur d'onde.** Distance entre deux crêtes successives d'une onde.
- **Phase.** Décalage relatif entre deux ondes, mesuré en fraction de la longueur d'onde. Une longueur d'onde complète de décalage correspond à 360° ; si le décalage relatif est de 180°, les deux ondes sont exactement déphasées (cf. également Interférences).

Photon. Forme corpusculaire de la lumière.

Pression. Force par unité de surface. La pression d'un gaz est la force qu'exercent ses atomes ou ses molécules sur la surface interne de son contenant.

Quanta. Briques d'énergie les plus petites, telles qu'elles apparaissent en physique quantique.

Quark. Particule élémentaire ; trois se combinent pour former un proton ou un neutron. La matière constituée de quarks est appelée « hadrons ».

Qubits. Bits quantiques. Similaire aux bits d'un ordinateur classique mais comprenant de l'information quantique.

Réflexion. Inversion du sens de propagation d'une onde incidente sur une surface, par exemple un rayon lumineux sur un miroir.

Réfraction. Déviation d'une onde, généralement due à son ralentissement lors de son passage dans un milieu donné – par exemple de la lumière à travers un prisme.

Spectre. La séquence des ondes électromagnétiques, des ondes radio aux rayons X et gamma, en passant par la lumière visible.

Supernova. Explosion d'une étoile d'une certaine masse arrivée en fin de vie.

Turbulence. Lorsque l'écoulement d'un fluide est trop rapide, il devient instable et turbulent, et des phénomènes de tourbillons apparaissent.

Univers. L'ensemble de l'espace et du temps. L'univers par définition inclut tout, mais certains physiciens imaginent des univers parallèles distincts du nôtre. Notre univers serait âgé d'environ 14 milliards d'années, d'après la vitesse de son expansion et l'âge des étoiles.

Vide. Le vide ne contient absolument aucun atome. Il n'existe nulle part dans la nature – même l'espace intergalactique contient quelques atomes par centimètre cube – mais les physiciens peuvent s'en approcher dans les laboratoires.

Vitesse (vecteur). Le vecteur vitesse désigne à la fois la vitesse et la direction de celle-ci. Il correspond à la distance, dans cette direction, dont se déplace le corps pendant une unité de temps.

Index

Les mots en gras renvoient au glossaire

L'édition originale de cet ouvrage a été publiée en 2007 au Royaume-Uni
par Quercus Publishing Plc
sous le titre *50 Physics Ideas You Really Need to know.*

Originally entitled *50 Physics Ideas You Really Need to know.*
First published in the UK by Quercus Publishing Plc

Couverture : Jean-Christophe Courte

ISBN 978-2-10-051883-8

51883 - (II) - (1,5) - OSB 90° - CP2 - NGT
Achevé d'imprimer sur les presses de l'Imprimerie CHIRAT
42540 Saint-Just-la-Pendue
Dépôt légal : Novembre 2008, suite du tirage : janvier 2009 - N° 3723

Imprimé en France

85 963